都市农业出版工程

都市农业四维发展理论

周培　等　编著

内容提要

在面对市场刚性需求和日益严峻的资源环境约束下，为了合理规划都市及其延伸地带的空间资源，科学布局农业产业链结构，集成生态高效的产业技术模式，实现城市农产品保障供给、城市生态保育、城市生活品质提升和社会安全稳定“四位一体”功能，本书提出了都市农业四维理论，并介绍了相关理论和实践研究。全书共7章，分别是：都市农业理论框架构建、都市农业功能论、都市农业空间论、都市农业结构论、都市农业模式论、都市农业的综合评价体系和都市农业的未来发展。

本书的主要特色：一是从功能、空间、结构和模式4个维度对都市农业理论体系有了更清晰的界定，完整系统地区别都市现代农业和农区农业；二是通过理论体系的构建，探讨推动都市现代农业发展的系统性措施，统筹都市农业一二三产业融合发展；三是提出都市农业综合评价体系，准确把握都市农业的发展水平和发展状况，为都市农业的决策主体提供行动指南。

本书可作为高校新农科学生的专业基础课教材和非农科学生全面系统地了解我国都市现代农业理论体系的选修课教材，也可作为“三农”干部的培训教材。

图书在版编目(CIP)数据

都市农业四维发展理论/周培等编著. —上海：上海交通大学出版社，2025. 1—ISBN 978-7-313-31616-5

Ⅰ. F304.5

中国国家版本馆CIP数据核字第2024ZM0435号

都市农业四维发展理论
DUSHI NONGYE SIWEI FAZHAN LILUN

编　　著：周培　等
出版发行：上海交通大学出版社
地　　址：上海市番禺路951号
邮政编码：200030
电　　话：021-64071208
印　　制：上海新艺印刷有限公司
经　　销：全国新华书店
开　　本：710mm×1000mm　1/16
印　　张：16.5
字　　数：209千字
版　　次：2025年1月第1版
印　　次：2025年1月第1次印刷
书　　号：ISBN 978-7-313-31616-5
定　　价：68.00元

版权所有　侵权必究
告读者：如发现本书有印装质量问题请与印刷厂质量科联系
联系电话：021-33854186

顾问委员会

舒惠国　尹伟伦　康绍忠　李天来　陈剑平　印遇龙　喻景权

陈发棣　王有年　段留生　汤　勇　李云伏　王　硕　严胜雄

吴爱忠　刘　艳　莫广刚　杨其长　孙洪武　张立明　陈德明

张汉强　魏灵玲　万　忠　尚巧霞　樊志民　张　斌　陈　捷

黄国桢　周灿芳　卢　江　曹林奎　马兰青　朱宏斌

编写委员会

主　任： 周　培

副主任： 曹正伟　李　强　徐　浩　高　岩

编　委： 周　培　曹正伟　李　强　徐　浩　高　岩　曹雅婷
王　航　张　丹　惠　楠　孙丽珍　董樊丽　杨夕佳
宋士任　蔡保松　周元飞　初少华　詹学佳　范秀凤
徐　婷

序

我国都市农业自20世纪90年代在上海、北京等城市发端，已经成为我国城市不可或缺的业态之一，总体发展迅猛。1998年在北京召开首次全国都市农业研讨会，2006年中国农学会成立了都市农业与休闲农业分会，更具有标志性的时间节点是2012年4月，原农业部在上海召开第一次全国都市现代农业现场交流会，特别明确了都市农业的5个功能定位，包括城市“菜篮子”产品重要供给区、农业现代化示范区、农业先进生产要素聚集区、农业多功能开发样板区和农村改革先行区功能。“十二五”“十三五”“十四五”的规划都把我国都市现代农业定义为率先实现农业现代化的重要区域。

乡村振兴首先需要有产业振兴，都市农业是支撑乡村振兴的重要业态，需要有体系地谋划产业功能定位、资源科学利用、产业结构优化、乡村产业创意以及绿色可持续发展模式。都市现代农业是一个有生命活力的产业，都市农业的生产、生态和生活功能，是城市持续、稳定、健康发展的重要需求。都市农业依赖城市的先进要素，同时又多方位地服务城市安全运行和生态文明建设。然而，如何科学认识都市农业的重要价值，集聚先进要素与市场优势发展其新质生产力，推动都市农业学科建设、人才培养、科技创新和产业升级，已经成为业界重要关注方向。

周培教授深耕都市农业领域，取得了丰硕的技术成果，并开创性地提出了一系列具有前瞻性和系统性的思维理论，打破了传统的农业理念思维，将都市农业从单纯的生产功能拓展到生态、社会、经济等多个维度的协同发展；牵头并积极推动全国都市农业学科群的建设和发展；牵头编写并发布了《中国都市现代农业发展报告》，创建了都市农业发展评价体系，为科学评估都市农业的发展水平和成效提供了量化标准和方法。

周培领衔编写的这本《都市农业四维发展理论》在多年研究积累的基础上，创新性提出了都市农业的理论框架，从功能、空间、结构、模式 4 个维度完整系统地界定了都市农业的内涵和特征，并通过 4 个维度及其相互关系的规律研究，建立起系统研究都市农业的理论分析工具。这一理论成果将对厘清我国都市农业发展思路、推进都市农业结构优化和模式创新研究发挥重要作用。

本书是一次难能可贵的跨学科尝试，涉及农学、生物、生态、规划、经济、管理等多个领域，既有理论探索也注重实践，将成为科研工作者、政策制定者、农业从业者以及所有关心都市农业发展的读者的宝贵参考。

陈剑平

中国工程院院士

2024 年 12 月

前　　言

都市现代农业具有鲜明特质，不但是我国农业的重要组成部分，还是实现乡村振兴的重要板块，肩负率先实现农业现代化、促进城乡发展的重要使命，其中以4个直辖市、5个计划单列市、27个省会城市共36个大中城市最具代表性。都市现代农业的贡献巨大，其提供了重要农产品，涵养了城市生态环境，丰富了市民生活，为满足人民对美好生活的需要和城市安全稳定运行奠定了坚实基础。

城市重要农产品保障能力明显增强。作为大中城市农产品供给保障的关键力量，都市现代农业确保粮食、蔬菜、肉蛋奶等居民生活必需品的充足供应，同时在特殊时期发挥了稳定民心、提振信心的关键作用。36个大中城市水产品和鲜奶产量约占全国五分之一，蔬菜和禽蛋产量约占全国六分之一，粮食、肉类和水果产量约占全国十分之一。

都市农业绿色发展的基础更加坚实。经过多年的发展落实，绿色生态发展理念在都市现代农业中已得到有效贯彻，各城市也都出台了比较完善的促进政策。大中城市化肥与农药施用强度呈现出持续降低的趋势，秸秆和畜禽粪污综合利用率不断提升。

三产融合发展的格局基本形成。大中城市通过不断延伸农业产业链，以产业深度融合提升农业竞争力与综合效益，做优都市乡村第一产业，做强都市乡村第二产业，做活都市乡村第三产业，拓宽融合发展途径，大力发展农产品物流商贸、休闲农业，在农业生产性服务业与生活性服务业的范围与服务质量上形成突破。

先进要素聚集的水平显著提升。特殊的区位优势使都市现代农业更容易集成资本、人才和技术等要素，对都市农业生产力形成了促进效应，大中城市不断提升农业科技创新平台建设水平、增加农业资金补贴投入力度、增强基础设施与装备，为率先实现农业现代化提供了有利条件。

新型农业经营体系更加成熟。各城市巩固和完善农村基本经营制度，创新农业经营体系，培育新型农业经营主体和农村人才队伍，都市农区新型经营主体的比重显著提升，经营水平持续提高。大中城市农业劳动生产率和农业土地产出率实现了显著提升，都市农业产业带动农村居民人均可支配收入持续增长。

我国城乡关系更加密切，以工补农、以城带乡，工农互促、城乡互补、协调发展、共同繁荣的新型工农城乡关系为都市现代农业奠定了发展主基调。我国正在加快农业农村现代化，都市现代农业也要顺势而为，着眼新型工农城乡关系大局，做好引领乡村全面振兴、全面服务城市健康的大文章。新发展时期，都市现代农业将进入全方位全周期服务人民生命健康的新阶段，应聚焦大农业观、大食物观及城乡融合发展，保障多元食物供给，均衡城市生态，并丰富市民高品质生活，打造高品质、现代化都市现代农业产业链体系。我国都市现代农业的任务目标依然艰巨，不可囿于传统，要积极创新，在理论、技术和模式上实现突破。

作为全国都市农业学科群群主，聚焦都市现代农业的功能、空间、结构和模式系统化思维，牵头开展相关研究，形成共识，提出了都市农业四维发展理论。在成书过程中，得到了南京农业大学、华中农业大学、西北农林科技大学、北京农学院、北京农林科学院、中国农业科学院、浙江省农业科学院、山东省农业科学院及广东省农业科学院等高校和科研院所鼎力支持。

希望本书有助于厘清争论、凝聚共识、深化研究、促进发展，为学术界和产业界提供参考。

周　培

中国农学会常务理事、上海交通大学特聘教授

2024 年 6 月

目　　录

第 1 章　都市农业理论框架构建

随着城市化的推进和城市规模的扩大，城市日益成为社会的中心和主体，都市农业作为一个与城市发展密切关联的特殊农业形态，也日益受到人们的关注。由于城乡边界的模糊和城市元素向农村地区的不断渗透，都市农业的空间范围和形态类型一直以来在学术界都没有取得完全的共识，这对推进都市农业的研究和实践深入发展有较大的阻碍。本书在梳理都市农业发展历史和既往研究的基础上，提出都市农业四维理论，希望有助于厘清争论、凝聚共识、深化研究、促进发展。

1.1　都市农业的研究史：客观现象与理想设计

纵观都市农业的研究历史，争论的核心是关于都市农业的空间范围和形态类型，并进一步延伸到都市农业的起源、特征、功能等基本问题。究其原因，争论在很大程度上混淆了都市农业到底是一个客观现象，还是一种规划设计，具体讲，是混淆了都市农业是一种社会自然演变的结果，还是人们基于特定目的而设计的一种农业形态。我们把这两种理解分别表述为都市地区农业和都市现代农业，都市地区农业在很大程度上是自然演变的结果，是一种客观现象；都市现代农业是人们对都市地区农业的理想目标，是一种规划设计。当人们使用都市农业这一精简概念的时候，就容易引起混淆。当然，都市地区农业和都市现代农业，不论是实践中，还是研究上都紧密相连，是都市农业研究和实践的两个重要方面。当我们注意到都市农业概念中存在客观现象和规划设计两个方面时，就不容易混淆了，并有助于推进都市农业的理论研究和实践。按照这个思路，下面我们将梳理都市农业的研究历史，一是进一步印证上述观点，二是为提出新的理论奠定基础。

1.1.1 都市农业起源研究

都市农业的起源和都市农业概念的起源是不同的，但我们发现在都市农业的研究历史上，有时这两个问题被混淆了，研究都市农业的起源成了研究都市农业概念的起源。如果都市农业是自然演变的结果，那么研究都市农业概念的起源就不重要，因为谁在什么时候提出这一概念都不影响都市农业的存在。如果都市农业是一种理想形态，是一种希望付诸实施的思想，那么谁先提出来就很重要，这决定了谁在这一领域处于发起人或创始人的地位，但这时重要的不是概念本身，而是思想。

国内学者根据各自掌握的文献提出都市农业不同的起源观点。周德翼[1]依据1950年美国学者欧文·霍克使用了“都市农业区域”这个词和1969年美国经济学家布鲁斯·约翰斯顿提出了“都市农业生产方式”一词，而认为都市农业于20世纪50—60年代起源于美国；俞菊生[2]因“都市农业”一词于20世纪30年代就出现在日本的杂志(《大阪府农会报》，1930年)和学术著作(《农业经济地理》，青鹿四郎著，1935年)中，而认为都市农业源于日本；郭焕成[3]认为，英国社会活动家霍华德于1898年就提出“田园城市”的概念，是最早的都市农业的萌芽；丁圣彦[4]认为，“都市农业”最早可追溯到19世纪20年代屠能提出的“农业圈”理论。

都市农业概念的起源不能等同于都市农业的起源。我们不能因为美国的学者率先使用“都市农业”就认为都市农业最早起源于美国，也不能因为日本学者率先使用就认为最早起源于日本。国内部分学者因为日本是在 20 世纪 30 年代第一次提出了都市农业概念,而认为都市农业起源于日本的 20 世纪 30 年代。但实际上,日本学者渡边兵力并不是从谁先提出这一概念出发,而是从都市农业的现象出发,认为都市农业是在 19 世纪 60 年代后期日本经济高速增长的背景下,急速城市化过程中产生的。

在"都市农业"起源的 4 种主要观点中,俞菊生所提到的《大阪府农会报》登载了当时大阪府技师宫前羲嗣描述都市农业"以易腐败而又不耐贮存的蔬菜生产为主,同时又有鲜奶、花卉等多种农畜产品生产经营的农业"[2];青鹿四郎[5]在《农业经济地理》中就都市农业给出以下定义:"所谓的都市农业,是指分布在都市工商业区、住宅区等区域内,或者分布在都市外围的特殊形态的农业"。从这些表述来看,宫前羲嗣和青鹿四郎所描述的更像是一种本身就存在的一种农业现象,即自然演变结果,而不是提出要发展某种特殊农业。屠能的"农业圈"理论是根据农业距离中心城市的远近而探讨的农业区域布局模式。由于屠能的布局模式是完全从经济角度分析的,所以经济主体基于经济利益的驱动会自发地在城市及附近区域发展不同于乡村农业的农业。从这个角度讲,屠能的理论只是反映农业的区域布局,而不是指导人们去发展都市农业。而霍华德的"田园城市"理论就完全不同了,霍华德在《明日的田园城市》中突出了对农业地带的严格保护,让"城市的周围始终保留一条乡村带",使城市居民始终能够方便地享受"乡村所有的清新乐趣——田野、灌木林、林地"。霍华德通过对"城市-农村"磁体的描述,表达了他对城乡一体化发展的美好愿景——可以把一切最生动活泼的城市生活的优点与美丽、愉快的乡村环境和谐地组合在一起[6]。很显然,霍华德所描述的田园城市不是现实的,是理想的,是希望通过组织和引导,使这样的城乡结合成为现实。

当都市农业是一种自然演变的社会现象或农业形态时,探讨都市农业概念的起源实际上没有多大意义,宫前羲嗣和青鹿四郎所指的都市农业是一种自发现象，因此其是否率先提出这一概念，对我们的研究并不重要。如果都市农业是城市的一种需要，且无法自发形成，那么首先提出这一概念及其思想体系就显得非常重要。从这一点上说，霍华德的田园城市理论显然更有价值。但问题是，我们仍然无法确定都市农业到底是自发现象还是关于理想形态的思想。连续出版物《都市农业发展报告（2008）》[7]在第 21 页谈及都市农业的起源时认为："都市农业在 20 世纪上半叶率先出现在欧、美、日等发达国家和地区，它是工业化和城市化高度发展的产物"。这里提到的"工业化和城市化的产物"显然说明都市农业是自然演变的结果。但在第 23 页谈及都市农业的产生背景时作者又说："二战以来，随着城市的快速扩展蔓延……城市的政府及居民开始认识到无节制的城市扩张，最终危害到人类的生存发展，从而要求对城市及附近的农业用地进行保护，并提出发展具有多样性功能的都市农业"[7]，这似乎又表明都市农业是关于发展这一特殊农业的理论和思想。

显然，学界对于都市农业是自发现象还是理想形态这一问题是模糊的。这一问题没有明确，就讨论它的起源，是缺少了一个重要环节。

1.1.2 都市农业特征研究

关于都市农业特征的研究，如果从都市农业是客观现象的角度看，一般应重点讨论都市农业有何显著特征，以及为什么有这些显著特征；如果从都市农业是规划设计的角度看，一般应重点讨论都市农业需要什么显著特征，以及为什么需要这些显著特征。一般来讲，如果是客观现象，应当是农业发展的外部环境或自身要素发生了显著变化或与其他区域存在显著区别，农业生产经营主体基于自身经济利益而发展起来的特殊形态的农业；如果是规划设计，应当是自然发展结果不能满足社会需求，基于公共利益，政府或其他公共非营利机构按照社会需要通过规范性或诱导性措施促使农业生产经营主体发展起来的特殊形态的农业。

从各种不同的定义中可以了解到学者们对都市农业特征的认识差异。顾吾浩[8]认为都市农业是集生产性、生活性、生态性于一体的现代化大农业系统，是一种高度规模化、产业化、科技化、市场化的农业。周德翼[1]认为都市农业是在城市市区间隙地带或周边地区，利用城市中的生产要素，由市民经营，服务于城市的社会、经济、生态、文化需要的农业生产。张占耕[9]认为都市农业是当生产力发展到较高水平时，农业同工业进一步结合，城乡之间差别逐步消灭过程中的一种发达的农业形态。党国印[10]认为都市农业是一个总概念，其他提法，如生物农业、休闲农业、观光农业、度假农业、体验农业、生态农业、创汇农业、工厂化农业、设施农业等，都在某一方面反映了都市农业的发展水平或特点。李永强[11]认为都市农业是地处都市及其延伸地带，依托并服务于大都市的农业，它是适应现代化都市生存与发展的需要而形成的现代化农业的综合概念，它集高效型生产农业、能形成良性循环的生态农业和可持续发展农业于一体，对内为城市经济的发展提供服务功能，对外则为整个农业和农村经济的现代化发挥示范带头作用。于战平[12]认为都市农业是处于都市市区或其周边地带，与都市的经济、文化、生态等诸多方面互利互助、融为一体，并具有经济性、生态性、文化性等多种功能的可持续现代农业。彭朝晖[13]认为都市农业是地处城市化地区及周边延伸地区，紧密依托并服务于大城市的农业。黄映辉和史亚军[14]认为都市农业是位于城市内部和城市周边地区的农业，是一种包括从生产、加工、运输、消费到为城市提供农产品和服务的完整经济过程，是城市经济和城市生态系统中的组成部分。

也有学者将都市农业与其他农业比较，归纳出都市农业的特征。以赵树枫和张强[15]，以及干经天[16]等为代表的众多学者认为城郊农业是以生活性为主，而都市农业是生产性、生活性、生态性共同发展的超农业的复合产业。何秀荣[17]认为都市农业具有城市导向、多功能性、高集约化、产品流动性低并以当地居民为主要消费对象等特征。文化等人认为都市农业具有多功能性，城乡统筹、协调发展，领域延展，以高、中收入阶层为对象，资源高度集约，可持续性强，综合效益佳，技术先进，从业人员素质高，高度外向型等特征。

这些特征总结中，存在客观现象和规划设计两个角度的综合。同时，这些特征中，除了在地理位置上具有显著性外，都提到了处于都市及其周围地区这一特征，其他提到的关于都市农业的功能、与城市的关系，以及现代性等特征，实际上并不具有必然性和区分性。这些关于都市农业特征的总结在很大程度上带有主观性和规划性，并且区分度不高。一种现象或事物的特征要足够与其他现象和特征区别开来，人们才能够通过这些特征对事物和现象进行识别。

1.1.3 都市农业区域范围研究

对于都市农业的区域范围，如果都市农业是客观现象，那么应当根据区域内的农业是否具有显著区别来界定都市农业的区域；如果都市农业是规划设计，就要重点研究应当在哪些区域发展都市农业。

国际上，都市农业往往被界定为城市及周边或郊区的农业，有时也说成城市和半城市化地区的农业，但城市周边和半城市化地区本身是一个难以明确界线的区域。Stevenson 等人[18]指出：半城市化地区的外边界是变化的，取决于城市对特定生产系统造成的最大冲击的影响范围。Murray[19]和 Losada[20]等确定了基多(厄瓜多尔首都)和墨西哥城市边界内的城市地区和半城市化地区，为便于研究城市林业和畜牧业，他们还进一步界定了城市郊区，并基于每平方公里建筑物、公路的变化率以及露天空地的增长率，刻画了城市、郊区和半城市化地区的特点。

国内学者关于都市农业范围的观点有：萧清仁[21]认为，为与“国际性”相匹配，都市农业是以城市内暂时闲置的零星农地为主，以休闲、观光为主；陈锡根[22]、秦红霞[23]认为都市农业的范围应包括城区或接近城市的地带，其显著特征是地域分布的特殊化和局部化；张强[24]认为依农业所处的不同位置，都市区域的农业可分为中心区农业、走廊区农业、楔形区农业和外缘区农业 4 种类型；郭焕成[3]、刘伟明[25]、金国峰[26]、凌耀初和胡月初[27]则将都市农业的范围扩大为城市或城市群为中心的城区、城郊及其辐射圈。

1.1.4　都市农业功能研究

如果从都市农业是客观现象的角度看，都市农业功能的研究应当是探讨都市农业实际上具有什么功能；如果都市农业是规划设计的，都市农业功能研究就应当探讨都市农业应当具有什么功能，以及怎样才能具有这样的功能。

多数"都市农业"论者能够在都市农业功能的认识上取得一致。台湾学者提出，都市农业有"生产性功能、生活性功能、生态性功能"，即"三生功能"。也有"都市农业具有经济功能、生态功能、文化功能、社会功能"的提法，以及"生产功能、服务功能、生态功能"的提法[27]。吴方卫和陈凯[28]等从都市农业的重要性和意义角度指出从都市经济发展和都市建设对农业的多元需求出发，都市农业必须向多功能"四生型"(生产保障、生态建设、休闲生活服务、生物技术载体)开拓。同时，还指出都市农业除了具备最基本的商品生产功能外，还应当具备生态建设、休闲旅游、文化教育、出口创汇、示范辐射等多重功能。

黄映晖和史亚军[14]对一些国家和地区的都市农业的功能做了一些比较，指出都市农业与乡村农业最大的区别在于，因其显著的地域性特点，都市农业的发展与整个城市的社会经济及生态系统紧密相连，这就从根本上决定了都市农业除具备最基本的生产功能之外，还具有生态、服务、社会等多种功能。但都市农业的多功能性也不能一概而论。由于不同国家和地区的都市农业的发展动因、各地的资源禀赋各不相同，各国都市农业的功能定位就各有侧重。

Luc J. A. 和 Mougeot[29]在讨论都市农业为什么重要时指出，都市农业是城市食物供应系统的一部分，也是家庭食物保障的策略之一。同时，都市农业使城市中的空地得到生产性利用，通过处理并循环利用城市中的固体和液体废弃物，不仅可以节约成本、增加收入和就业机会，而且可以使淡水资源得到更有效的利用。他同时指出，对不同城市的个案研究揭示了都市农业的不同功能。

当把都市农业视为一种客观现象时，研究中就会涉及都市农业可能存在的负面影响。对这一方面，国内学者很少讨论，因为国内学者的逻辑是，都市农业具有多元功能，应当大力发展，所以重点应是研究如何发展；而国外学者对自然状态都市农业的问题做了大量的研究。这在很大程度上是因为国内学者大多认为都市农业是一种理想的农业形态，而国外学者认为都市农业本身就存在，而且存在很多问题，需要去研究。

如果都市农业是自然演变的结果，那么从逻辑上讲，都市农业应该包括三类可能存在的问题：都市农业有负面影响；其有积极正面的功能，但发展受到某些阻碍；其现有的积极功能在种类和程度上不能满足人们的需求。

关于都市农业的负面影响。Luc J. A. 和 Mougeot[29]指出，很少有文献以任何形式公然指责都市农业，但常常会出现一些相反的观点，比如就都市农业发展而言，来自城市规划、公众健康和环境保护部门的反对意见就比就业机构、社区服务和农业生产部门的反对意见要多。由农牧生产的原料、产品和副产品对农户、操作人员、消费者及生产地附近的居民造成的污染风险引起人们对都市农业威胁公众健康的顾虑。这些问题是应该予以关注并得到解决的，它们的产生可能是因为生产地点或方式不当。Ayanwale et al.[30]、Pillai et al.[31]、Cooper[32]指出，有证据表明在尼日利亚、印度、巴西和沙特阿拉伯的主要城市中，布鲁氏菌病和棘球绦虫就是通过家畜传播的。人口密集区通常有划定的猪、山羊和绵羊的饲养地，但由于不合理的放养和动物粪便在饲养地或屠宰场没能得到及时处理而导致了人畜共患疾病蔓延的危险。都市农业还可能产生环境卫生问题，包括：环境不整洁、土壤侵蚀、植被破坏、淤积、水资源枯竭和资源污染问题。都市农业中化学品的使用是人们关注的一个重要问题。根据都市农业生产强度的不同，化学品的使用量也有很大不同。都市农业中的自产自销系统很少使用化学品，产品投放市场的量越大，使用化学品的可能性也就越大。

都市农业发展受到的限制，如可用土地受到很大的限制，Mougeot 指出，大部分以生存为目的的都市农业在非私有土地上进行，如在公路两旁、河边、铁路两旁的空地和公园等地进行。总的来说，利用这类土地只是暂时性的，使用者的权益无法得到保障[29]。

尽管国内学者并没有提及自然状态的都市农业有何问题，但从他们提出的政策建议中我们还是可以了解到他们实际上认为自然状态的都市农业还是存在一些问题的，因为只有存在这样的问题才有必要实施这些政策。表 1-1 列出了 3 位具有代表性的学者提出的政策建议，并分析了这些政策建议所隐含的自然状态下都市农业存在的问题。

表 1-1　学者们提出的政策建议及其隐含的问题

学者	提出的政策建议	隐含的自然状态下都市农业存在的问题
孔祥智[33]	基础设施建设	基础设施状况阻碍都市农业发展
	食品安全体系建设	都市农业存在食品不安全的问题
	农业科技推广体系建设	科技状况阻碍都市农业发展
	农村金融体制改革	农村金融体制阻碍都市农业发展
	农村土地制度改革	农村土地制度阻碍都市农业发展
吴方卫[34]	提高都市农业投入	都市农业缺乏资金投入
	支持都市农业持续性发展	都市农业难以持续性发展

续 表

学者	提出的政策建议	隐含的自然状态下都市农业存在的问题
	保持都市生态平衡的环境政策	都市生态难以平衡
	医疗保健和营养改善政策	医疗保健和营养状况阻碍都市农业发展
	农村文化教育和技能培训并重	文化和技能状况阻碍都市农业发展
	完善农村就业政策	农村就业状况阻碍都市农业发展
方志权[35]	宣传和推广都市农业的理念	社会对都市农业认识不足
	加大对都市农业用地的保护力度	都市农业用地得不到保障
	加强农业基础设施建设的投入	农业基础设施状况阻碍都市农业发展
	完善社会化服务体系	社会化服务状况阻碍都市农业发展
	培养都市农业各类专门人才队伍	农业专门人才状况阻碍都市农业发展

这些隐含问题主要是制约都市农业发展的问题，包括体制、基础设施、科技、社会化服务等。至于在这些制约因素下，都市农业本身是什么样的发展状况，即自然状态下的都市农业是什么情况没有涉及。但这几位学者也有人提出了针对自然状态都市农业本身可能存在问题的政策，这些隐含的问题包括食品安全问题（孔祥智）、农业布局问题（孔祥智）和生态问题（吴方卫）。

根据国际都市农业基金会（RUAF）、联合国粮食及农业组织和国际农业研究咨询集团等支持都市农业发展的国际组织所确立的支持都市农业发展的宗旨，我们也不难发现，都市农业并不是总受欢迎，或都市农业本身可能存在负面影响，或各种限制因素阻碍了都市农业的发展，从而在自然状态下，都市农业的发展受到很大限制。表 1-2 列举了主要国际组织的支持宗旨，并分析了宗旨背后隐含的都市农业发展面临的困难。

表1-2　国际组织支持都市农业发展的宗旨及都市农业存在的问题

组织	宗　旨	隐含的自然状态下都市农业存在的问题
国际都市农业基金会[36]	促进都市农业纳入政策和规划中去	都市农业发展很难
	促进都市农业项目的拟订与实施	都市农业发展很难
	减少城市贫困	现状对减少贫困帮助不大
	保障城市食品安全	未能对食品安全发挥正面影响
	改善城市环境管理	未能对城市环境发挥正面影响
联合国粮食及农业组织“向城市供粮”行动[37]	支持城市和城郊农业生产，以促进其获得优质灌溉用水	灌溉用水状况妨碍发展
	改善城市粮食供应和分配系统	未能对粮食供应发挥正面影响
	扶持小型畜牧和奶类生产	小型养殖业很难发展
	促进城市和城郊林业	林业很难发展
	向国内流离失所者和其他易受害社区提供应急支持	这些群体和部分社区生活很困难
国际农业研究咨询集团“城市收获”计划[38]	协助增强食品安全，为城市和城郊贫困家庭改善营养、提高收入	都市农业发展很难
	减少城市和城郊农业的负面影响，增强其积极潜力	都市农业存在负面影响
	确立城市和城郊农业是可持续发展城市的有益的、必要的组成部分的理念	人们并不完全赞同发展都市农业

据表1-2，我们可以发现，只有直面都市农业存在的各种缺陷和问题，直面都市农业的发展现实，才能够深入地研究都市农业，从而才能够使都市农业得到更好的发展。

通过对都市农业研究的剖析，我们可以发现，关于都市农业定位，不同的学者有不同的定位。如果将都市农业定位为一种理想形态的农业，这样的都市农业将缺乏应有的根基，这在某种程度上将都市农业神秘化了。对此，我们有以下两点结论。

第一,都市农业的深入研究需要都市农业概念的具体化。概念具体化才能凝聚共识,才能知道相同点在什么地方,不同点在什么地方,否则始终是空对空,各谈各的。都市农业概念具体化的困难在于农业本身不容易具体化,但从都市农业与农区农业的区别角度入手,还是可以将其具体化的,我们认为主要包括两个方面:宏观上的农业产业结构和微观上的种植养殖模式。由于社会环境和资源条件不同,都市农业产业结构和具体的种植养殖模式会与农区农业存在较大差别。都市农业从宏观上讲是区别于农区农业产业结构的都市型农业产业结构,从微观上讲是不同于农区种植养殖模式的都市型种植养殖模式与经营活动。

第二,尽管国外研究大多更为客观地从自然演变角度界定都市农业,但国内外都市农业是存在差别的。正是由于都市农业应当首先从自然演变角度进行界定,而国内外的社会环境和发展阶段不同,导致都市农业"内外有别"。当前国际上最大的都市农业多边援助机构 RUAF 所指的都市农业是针对亚非拉一些发展中国家的城市贫困人口食物短缺和营养不良问题,而在城内和城郊的私人或公共空间发展的一种主要由城市贫困家庭自产自销的家庭农业。这些国家的城市化是在农村土地私有制的背景下,大量农民因无地或失地而涌入城市推动的,新增城市人口很多成为城市贫民,某些国家新增城市人口贫困率甚至高达 50%以上。这显然与我国的情况完全不同,一方面我国的城市化是工业化推动的,城市新增人口不是因农村无法生存,而是因城市更高收入的吸引而进城;另一方面,公有制属性的农村土地集体所有制使农民不会因无地或失地被驱赶到城市,两方面原因最大限度地避免了新增城市人口成为贫困人口,从而 RAUF 所推动的都市农业在我国缺少发展的土壤。国内的都市农业主要是指规模化、组织化的都市现代农业,但这并不等于我们无法借鉴国际都市农业的经验和研究。一方面不排除随着城市化的推进和深化,会形成家庭式都市农业发展的土壤,另一方面也是更为重要的,国外都市农业研究是从社会发展的自然演变规律入手，而我们也特别需要从有中国特色的工业化和城市化的演变规律入手来研究中国特色都市农业的演变规律。然后根据社会公共利益研究都市地区自然演变的农业能够更好地发挥哪些作用，以及怎样才能发挥这些作用，政府应该从何处着手能够更加有效地促进这些农业发挥这些作用。

1.2　都市农业研究的重要支撑理论

1.2.1　社会基本矛盾理论

都市农业是一种重要的社会经济现象，其产生、发展和演变必然遵循一定的社会经济规律，最基本的社会经济规律就是社会基本矛盾及其运动规律，从社会基本矛盾及其运动规律角度研究都市农业的产生、发展和演变，可以发现和很好地解释都市农业的主要现象。

社会基本矛盾是指在社会这个有机体的无数矛盾中，起着本源的总制动作用的那个矛盾，也就是生产力和生产关系的矛盾、经济基础和上层建筑的矛盾。在一切社会中都存在的制约社会其他矛盾及其运动的矛盾，即社会生产力和生产关系的矛盾、经济基础和上层建筑的矛盾。马克思在 1859 年写的《〈政治经济学批判〉序言》中，对生产力和生产关系的矛盾、经济基础和上层建筑的矛盾运动的一般过程，做过经典的表述。列宁继承和发展了马克思的思想，指出只有把社会关系归结于生产关系，把生产关系归结于生产力的高度，才有可靠的根据把社会形态的发展看作自然历史过程。毛泽东在《矛盾论》《中国革命和中国共产党》《新民主主义论》《在中国共产党第七届中央委员会第二次全体会议上的报告》等著作中，结合中国社会和中国革命的历史特点，对马克思列宁主义关于生产力和生产关系、经济基础和上层建筑相互关系的原理,曾做过精辟的论述。1957 年,他在《关于正确处理人民内部矛盾的问题》一文中,第一次明确地提出了社会基本矛盾这一科学概念,提出在社会主义社会中,基本的矛盾仍然是生产关系和生产力之间的矛盾、上层建筑和经济基础之间的矛盾。

生产力与生产关系是社会生产方式的两个方面。它们之间的矛盾运动,是按照生产关系一定要适合生产力发展的规律进行的,即改变不适应甚至阻碍生产力发展的生产关系,稳定基本适应生产力发展的生产关系,并改革其具体形式。生产力和生产关系的矛盾、经济基础和上层建筑的矛盾这两对基本矛盾存在于一切社会形态之中,规定社会的性质和基本结构,贯穿于人类社会发展的始终,推动着人类社会由低级向高级发展。两对基本矛盾包含 4 个要素,即生产力、生产关系、经济基础和上层建筑。它们之间相互联结、相互制约、相互作用。生产力决定生产关系,生产关系反作用于生产力;经济基础决定上层建筑,上层建筑反作用于经济基础。这种层层决定和层层反作用的关系,构成了以生产力发展为最终动因的整个社会基本矛盾的辩证运动,体现了人类社会发展的最一般规律。

运用社会基本矛盾理论研究都市农业,可以重点从 3 个方面进行研究:第一,分析都市农业中的生产力和生产关系、经济基础和上层建筑元素,以探明都市农业产生、发展和演变的基本动力构架;第二,从都市农业的生产力和生产关系,以及经济基础和上层建筑的矛盾中分析和研究都市农业的主要现象,或者试图从生产力和生产关系,以及经济基础和上层建筑的矛盾中寻求都市农业现象的基本原因;第三,从生产力发展角度研究都市农业发展的需求,并从生产关系和上层建筑角度找到都市农业的发展对策。

1.2.2 供需动态平衡理论与一般均衡理论

都市农业的核心是一个产品的社会生产供应系统,供需动态平衡理论为产品的生产供应(供给需求)提供了很好的分析框架。一般均衡理论是着眼于整个经济的商品和生产要素的价格及供求量决定的一种经济理论和分析方法。19 世纪末,由瑞士洛桑学派的创始人瓦尔拉斯首倡。该理论认为各种经济现象均可表现为数量关系,这些数量之间存在着非常密切的联系,在整个经济体系的两大市场(商品市场和生产要素市场)上,一切商品及生产要素的价格与供求都是互相联系、互相影响和互相制约的。一种商品或生产要素价格的变动,不仅受它自身供求的影响,还要受到其他商品和生产要素的供求与价格的影响。在竞争的市场上,生产要素的供给函数,消费者需求函数和生产函数一经给定,所有生产要素和产品的价格及供求就能够自行调节,达到一个特定的、彼此相适应的稳定状态。一组既定的基本决定因素只能有一组确定的价格和供给的均衡量值与之相适应,这些因素的任何变化,都会影响和改变整个经济体系的均衡状态。

该理论的实质是说明社会经济可以处于稳定的均衡状态。在均衡状态中,消费者可以获得最大效用,生产者(企业家)可以获得最大利润,生产要素的所有者可以得到最大报酬。政府介入经济活动的主要理论基础,就是一般均衡理论及由此派生的"市场失败"理论,新古典框架思路以理想均衡状态作为判断现实经济运行是否有效的参照标准,通过比较复杂、不完善现实与完全竞争的理想状态,一旦发现现实情况与理想标准出现差异,就断定出现"市场失败",真实世界必然是无效或低效率的,由此想当然地推导出政府在微观经济领域的角色和作用,要求政府积极介入甚至干预微观经济运行,通过微观经济规制和实际干预控制经济运行。

运用供需动态平衡理论和一般均衡理论研究都市农业,重点可以从 3 个方面进行研究:第一,从供需动态平衡和一般均衡的角度分析都市农业发展演变的原因;第二,从供需不平衡的角度分析和研究都市农业发展中存在的问题;第三,从供需平衡角度寻求促进都市农业快速健康发展的对策。

1.2.3 城市化理论

都市农业与城市相伴相生，是伴随城市扩展而发展壮大的，城市化既为都市农业发展提供需求动力，也为都市农业发展提供条件支撑。因此，城市化的发展规律也是都市农业研究的重要理论支撑。

城市化也称为城镇化，是指随着一个国家或地区社会生产力的发展、科学技术的进步以及产业结构的调整，其社会由以农业为主的传统乡村型社会向以工业(第二产业)和服务业(第三产业)等非农产业为主的现代城市型社会逐渐转变的历史过程。人口学把城市化定义为农村人口转化为城镇人口的过程，从地理学角度来看，城市化是农村地区或者自然区域转变为城市地区的过程。经济学上从经济模式和生产方式的角度来定义城市化。生态学认为城市化过程就是生态系统的演变过程。社会学家从社会关系与组织变迁的角度定义城市化。城市化是多维的概念，城市化内涵包括人口城市化、经济城市化(主要是产业结构的城市化)、地理空间城市化和社会文明城市化(包括生活方式、思想文化和社会组织关系等的城市化)。

城市是人类文明的标志，是人们经济、政治和社会生活的中心。城市化的程度是衡量一个国家和地区经济、社会、文化、科技水平的重要标志，也是衡量国家和地区社会组织程度和管理水平的重要标志。城市化是人类进步必然要经过的过程，是人类社会结构变革中的一个重要线索，经过了城市化，标志着现代化目标的实现。只有经过城市化的洗礼，人类才能迈向更为辉煌的时代。早在原始社会向奴隶社会转变时期，城市就出现了。但是，在相当长的历史时期中，城市的发展和城市人口的增加极其缓慢。1800 年全世界的城市人口只占总人口的 3%。到了近代，随着产业革命的兴起，机器大工业和社会化大生产的出现，资本主义生产方式的产生和发展，才涌现出许多新兴的工业城市和商业城市，使得城市人口迅速增长，城市人口比例不断上升。

1800—1950 年，地球上的总人口增加了 1.6 倍，而城市人口却增加了 23 倍。在美国，1780—1840 年的 60 年间，城市人口占总人口的比例从 2.7%上升到 8.5%。1870 年美国开始工业革命时，城市人口所占的比例不过 20%，而到了 1920 年，其比例骤然上升到 51.4%。从整个世界看，1900 年城市人口所占比例为 13.6%，1950 年为 28.2%，1960 年为 33%，1970 年为 38.6%，1980 年为 41.3%。所以，城市化过程是随现代工业的出现而开始的。

城市不论是因为政治（城）还是因为交易（市），或兼而有之而形成，都意味着人口的聚集。人类最基本的需求——食物需求——所依赖的农业生产需要大量的土地和良好的自然环境，很显然人口的聚集首先将面临食物供给的挑战，即城市存在巨大的生态赤字。城市和农业的关系的核心问题就是城市居民如何获得食物的问题，也正是食物的供给问题将城市和农业连在了一起。基于食物供给这一核心问题，城市和农业之间存在着复杂的千丝万缕的关系，这些关系形成了城市和农业的关联机制。在城市和农业的关联中，城市作为经济社会发展的原动力，主要从需求拉动和要素竞争两个方面对农业产生影响，并在很大程度上决定了农业的形态演变。

城市对农业的需求拉动主要影响农业的区域布局和市场化程度，其内在的决定因素主要包括农产品的生产成本、运输成本、交易成本和居民收入水平。农业的区域布局实际上就是农业内部各产业之间的资源竞争问题。竞争的实质是该产品在何处生产更能够获得市场竞争优势，市场竞争优势最主要的就是价格优势，产品的价格优势以及销售量的决定因素可以用下面的关系式来表示：

$$P_{生产者}=f[\bar{C}_{生产}(X_1, P_{要素}), \bar{C}_{运输}(X_2, D), \bar{C}_{交易}(X_3, F, R)]$$

$$X_4=g(P_{生产者}, Y)$$

式中，$P_{生产者}$ 表示生产者的价格；$P_{要素}$ 表示劳动、土地、资本等生产要素的价格;X 表示产品销售数量;D 表示运输距离;F 表示交易频率;R 表示质量风险;Y 表示居民的收入水平;$\bar{C}_{生产}$、$\bar{C}_{运输}$、$\bar{C}_{交易}$ 分别表示单位生产、运输和交易成本。

关系式说明,生产者价格($P_{生产者}$)主要由 $\bar{C}_{生产}$、$\bar{C}_{运输}$、$\bar{C}_{交易}$ 3 种成本决定。其中,单位生产成本($\bar{C}_{生产}$)由要素价格($P_{要素}$)和产量(X_1)决定,要素价格越高,单位生产成本越高;产量和单位生产成本($\bar{C}_{生产}$)之间遵循规模报酬规律。单位运输成本($\bar{C}_{运输}$)由运输数量(X_2)和运输距离(D)决定,运输数量越大,单位运输成本越低;距离越远,单位运输成本越高。单位交易成本($\bar{C}_{交易}$)由交易数量(X_3)、交易频率(F)和质量风险(R)决定,交易数量越大,交易频率越高,质量风险越小,单位交易成本越低。生产者价格优势决定了实际销售量,实际销售量(X_4)由生产者价格($P_{生产者}$)和居民收入水平(Y)决定,价格越低,收入越高,实际销售量越大。

从上式可以发现,3 种成本和居民收入是农业区域布局的关键影响因素。尽管 3 种成本之间没有相关性,但不同的地理位置,3 种成本存在此消彼长的关系:越靠近城市,由于土地和劳动力两种主要的农业生产要素价格越高,加上土地资源稀缺导致规模较小,通常单位生产成本会较高;而由于运输距离短,单位运输成本会较低;由于交易频率较高,单位交易成本会较低。但农业内部不同产业的 3 种成本对地理位置的敏感程度也存在较大的差异,具体的敏感程度与各种成本影响因素对地理位置的敏感程度有关。生产成本主要由生产要素的价格决定,而不同生产要素的价格对地理位置的敏感程度与其位置流动性有关,位置流动性越好,生产要素的价格对地理位置就越不敏感。就流动性来讲,土地不具有流动性,而资本的流动性高于管理的流动性,管理的流动性高于技术的流动性,技术的流动性高于劳动力的流动性,从而要素价格对地理位置的敏感程度从高到低依次为:土地、劳动、技术、管理和资本,

可以表示为

$$\varepsilon_{\text{土地价格·位置}} > \varepsilon_{\text{劳动价格·位置}} > \varepsilon_{\text{技术价格·位置}} > \varepsilon_{\text{管理价格·位置}} > \varepsilon_{\text{资本价格·位置}}$$

显然，某一种农产品在生产中敏感程度高的要素使用越多，其生产成本对地理位置的敏感程度就越高。但需要注意的是，农产品的生产中到底如何使用生产要素，与农产品生产要素的相互替代情况这一技术特征有关。有些农产品中要素之间的替代性较差，或者说对某种要素有特殊的依赖，一般来讲，大田作物对土地面积就有特殊的依赖，其他要素很难替代；有些农产品中要素之间具有良好的替代性，一般来讲，养殖业和园艺作物生产中资本和土地之间就具有良好的替代性。另外，技术和劳动之间一般情况下都具有良好的替代性。为此，由于大田作物对土地有依赖性，而土地价格的位置敏感度又很高，因此比较适合在位置离城市较远的地区生产。因技术和劳动之间存在良好替代性，而劳动的位置敏感度高于技术位置敏感度，因此越靠近城市越应当采用技术替代劳动。

就运输成本来讲，交通越发达，运输成本对运输距离越不敏感（即 $\varepsilon_{\text{运输成本·距离}}$ 较小）。就交易成本来讲，市场越发达，运输成本越低，交易频率就越高，从而交易成本就越低；同时市场监管越严、产销地越近、产品越标准，其质量风险越低，从而交易成本也越低。市场监管和产品的标准化程度又存在一定的关系：标准化程度越高，越容易监管。市场监管和产销距离也存在一定的关系：产销距离越近越容易监管。

因此，综合来讲，在 3 种成本中，生产成本对地理位置的敏感程度要高于交易成本对地理位置的敏感程度，交易成本对地理位置的敏感程度又比运输成本对地理位置的敏感程度要高：

$$\varepsilon_{\text{生产成本·距离}} > \varepsilon_{\text{交易成本·距离}} > \varepsilon_{\text{运输成本·距离}}$$

综合来讲，随着与城市的距离变远，生产成本在下降，而交易成本和运输成本在上升,但由于生产成本下降的幅度要高于交易成本和运输成本上升的幅度,这对城市附近的农业生产产生了不利的影响。农产品生产的位置选择一般最终会在3种成本总和的最小值处达到均衡。

城市作为人口和产业聚集之地与农业之间存在对土地和劳动力两种要素的竞争。土地和劳动力的占有者如何使用(自用或他用)这些要素是依报酬率来决策的,而要素的报酬率是由产业的效益(可用产品价格表示)和要素的贡献(边际产量)决定的:

$$w = PM_{PL},\ r = PM_{PK}$$

式中,w 为工资率;r 为利息率;P 为产品价格;M_{PL} 为劳动的边际产量;M_{PK} 为资本的边际产量。

产品价格 (P) 会随着供给增加而下降,随着需求增加而上升;边际产量 (M_P) 会随着要素投入量的增加,因边际报酬递减而下降。要素会从收益率低的产业流入到收益率高的产业,而随着这种流动,原来收益率低的产业,因供给减少,产品价格 (P) 会上升,因要素投入量减少,边际产量 (M_P) 会上升,结果导致要素收益率上升;原来收益率高的产业,因供给增加,产品价格 (P) 会下降,因要素投入量增加,边际产量 (M_P) 会下降,结果导致要素收益率下降。最终的结果是要素在每一个行业的收益率趋向一致。就土地来讲,随着城市的扩张,城市对土地的需求增加,土地非农化的收益率会显著上升,但随着越来越多的土地非农化后,土地非农化的收益率逐渐下降(房产价格下降,土地边际生产力下降),而土地农业利用的收益率会逐渐上升(农产品价格上升,土地农产品边际生产力上升),最后土地不再进一步非农化。劳动力同样存在这样的问题:工业化的发展导致工业对劳动力的需求增加,劳动力非农产业就业的收益率会显著上升,但随着越来越多的劳动力转移出农业后,劳动力非农产业就业的收益率逐渐下降(工业品价格下降，劳动力边际生产力下降），而农业劳动力的收益率会逐渐上升（农产品价格上升，农业劳动效率提高），最后劳动力不再进一步转向非农产业就业。

1.2.4　生态系统理论

都市农业是城市社会经济系统的重要组成部分，而农业是以生物为生产对象，因此都市农业也是城市生态系统的重要组成部分，生态系统理论为研究都市农业的发展提供了很好的研究框架和研究方法。

生态系统是由生物群落及其生存环境共同组成的动态平衡系统。生物群落由存在于自然界一定范围或区域内并互相依存的一定种类的动物、植物、微生物组成。生物群落内不同生物种群的生存环境包括非生物环境和生物环境。非生物环境又称无机环境、物理环境，如各种化学物质、气候因素等，生物环境又称有机环境，如不同种群的生物。生物群落同其生存环境之间以及生物群落内不同种群生物之间不断进行着物质交换和能量流动，并处于互相作用和互相影响的动态平衡之中，这样构成的动态平衡系统就是生态系统。生态系统的动态机理对人类的经济活动和受损生态系统的恢复和重建具有重要的指导意义。生态系统是在一定的时间和空间范围内，生物群落与非生物环境通过能量流动和物质循环所形成的一个相互影响、相互作用并具有自调节功能的自然整体。作为一个独立运转的开放系统，生态系统有一定的稳定性。生态系统的稳定性指的是生态系统所具有的保持或恢复自身结构和功能相对稳定的能力，其内在原因是生态系统的自我调节。生态系统处于稳定状态时就被称为达到了生态平衡。生态系统发育具有阶段性，即具有相对稳定的暂态，这些暂态之间的变化称为稳态转化，这是一种从量变到质变的生态系统突变过程。

1.3 都市农业四维理论的基本框架

都市农业具有专门研究的价值,并需要专门的政策,在于其与农区农业有重大区别。这种区别是都市农业研究的逻辑起点。为此,我们提出了都市农业四维理论,首先是用来对都市农业和农区农业进行系统的区别,然后根据这些区别建立都市农业研究的系统框架,并据此研究推动都市现代农业发展的系统措施。

1.3.1 研究都市农业的4个维度及其相互关系

从都市农业和农区农业的关键区别角度讲,我们梳理了功能、空间、结构和模式4个维度,这4个维度不仅可以很好地区别都市农业和农区农业,也可以作为都市农业规划的切入点。4个维度的内涵及其相互关系分析如下。

(1) 以需求为起点,特殊功能引导特殊空间的形成。区别都市农业与大农区农业,应当从区别的根源入手。都市农业源于城市化的发展,城市化推动了人口和产业的聚集,人口和产业的聚集对农业发展从需求(主观元素)和资源(客观元素)两个角度产生决定性的影响,这种需求逐渐将影响范围内的农业引导成具有某些特殊功能的农业,影响范围也就是特殊空间。特殊空间的农业本身有自然演变的过程,但这种自然演变无法完全满足社会需求,这时候功能的引导对空间的形成就起到了关键作用。所以,我们可以理解为,都市现代农业是在城市化的特殊功能需求的背景下,逐步形成的特殊空间的农业形态。

(2) 功能和空间共同促成结构和模式的演变。特殊的社会功能和特殊的发展空间构成都市现代农业关键特征形成的主客观环境。都市现代农业的关键特征需要从农业的属性入手。从宏观层面上讲,农业是一个由多个产业组合而成的生产结构体系,如果主客观环境造就都市现代农业的生产结构不同于农区农业，那么这就构成了都市现代农业的宏观特征；从微观层面讲，农业又是由众多的生产单元组成的，如果主客观环境造就都市现代农业的微观生产单元不同于农区农业，那么这就构成了都市现代农业的微观特征。都市现代农业主客观环境的特殊性首先在于要素结构和需求结构的特殊，二者主要从宏观上影响农业生产结构；都市现代农业主客观环境的特殊性还在于生态环境状况和生产要素价格的特殊，二者主要从微观上影响农业生产单元的生产模式。从而，宏观上的生产结构和微观上的生产模式就构成了都市现代农业区别于农区农业的两个关键要素。由于这两个关键要素是由发展空间和社会功能决定的，因此完整、系统地区别都市农业和农区农业，应该包括空间、功能、结构和模式 4 个具有内在关联的维度。

1.3.2　都市现代农业的四维特征

（1）城市人口聚集需要都市现代农业发挥以生产保障为主体的多元功能。都市现代农业的功能既有主观性，又有客观性，但总体来讲，主观需求是都市农业形成的逻辑起点。从主观角度看，处在工业化、城市化前沿的都市地区，对该区域的农业有着特殊的需求，首当其冲的是食物供应市场的稳定性，因为快速推进的工业化和城镇化对食物供应市场造成了巨大的冲击，同时，工业化、城镇化形成的产业和人口的聚集也对环境造成巨大的压力。从客观角度看，都市现代农业能够发挥什么样的功能，受制于发展空间客观存在的资源环境。都市现代农业要以特殊空间资源为基础，顺应都市的需求，这种需求就是以生产保障为主体的多元服务功能。

（2）发展动力决定都市现代农业的发展空间，应包括都市及其所影响的延伸地带。界定都市现代农业的发展空间似乎是一个比较困难的事情，但只要我们考虑到都市现代农业的形成原因，这个问题就容易解决。都市现代农业的形成有自然发展和政府规划两个方面的原因。自然发展是基础，也就是工业化和城市化的推动，具体讲就是城市经济的辐射；政府规划主要依赖行政管理关系。界定都市现代农业的发展空间，应当在尊重发展动力所形成影响的前提下，充分考虑城市发展的需要。确定都市现代农业区域范围可以依据 3 个标志：第一，该区域农业主要面向某一特定城市的需求；第二，该区域农业的社会性资源（包括资本、技术、人才等）主要依赖某一特定城市；第三，该区域农业形成了或需要形成与该特定城市密切相关的并显著区别于其他地区的农业生产结构。根据这 3 个标志，都市现代农业区域范围主要还是在城市的市辖区范围内，并随着中心城区规模的变化而变化。如果中心城区规模不大，如一些地级市，其都市农业范围会比市辖区农村范围小；如果中心城区足够大，其都市农业范围会比市辖区农村范围更大，如直辖市和一些省会城市。另外，依据这些标志，也不排除行政区域外的地区被纳入都市型农业区域范围，只要城市有足够大的辐射力。

（3）主客观环境推进都市现代农业生产结构向需求导向型和资本密集型发展。农业经营者的利润由其产品价格、产品数量、生产成本和交易成本决定。生产者的利润公式可以表示为

$$\pi = PX - (C_{TP} + C_{TT})$$

式中，P 为产品价格；X 为产品数量；C_{TP} 为生产总成本；C_{TT} 为交易总成本。

由于农业受自然资源条件的影响较大，如果顺应自然资源条件进行生产，其生产成本相对较低，如果人为建设本不具备的环境（设施生产），必将增加生产成本。另外，从竞争的角度讲，农区农业的产品销往城市的交易成本一般会高于都市农业。对于农区农业来讲，顺应自然资源条件可以在生产总成本（C_{TP}）上获得优势。但某一相同自然资源条件的地区一般会面积广阔，产量巨大，从而大大超过某一特定市场的需求，这会因数量增加而导致价格下降，使得在具有生产总成本（C_{TP}）优势的同时，总收入（PX）会下降。为

了避免这一情况的发生，一般农区农业会依据自然优势，从而产生的生产总成本优势，向多个城市销售，尽管交易总成本 C_{TT} 增加，但生产总成本 C_{TP} 下降了，且总收入（PX）没有下降。而对于都市及其延伸地区的农业，如果依据自然条件进行生产，必然会导致少数几类最适宜的农产品产量超过能够从本地市场获得正常利润的数量。且由于土地面积有限，即使顺应自然条件，其生产成本也会因为规模有限不可能比农区农业有竞争优势，如果其农产品销售到其他城市，也会因规模有限导致其交易成本高于农区农业。

如果顺应自然条件就会出现：

在外地市场上，$C_{TP\cdot 都市现代农业} > C_{TP\cdot 农区农业}$，$C_{TT\cdot 都市现代农业} > C_{TT\cdot 农区农业}$，从而无论如何都市现代农业的总成本（$C_{TP\cdot 都市现代农业} + C_{TT\cdot 都市现代农业}$）都大于农区农业的总成本（$C_{TP\cdot 农区农业} + C_{TT\cdot 农区农业}$），都市现代农业没有任何竞争优势。回到本地市场，在顺应自然资源的条件下，必然导致量大价低，无法保障正常利润的获得。在这种情况下，减少最适宜农产品的生产，通过人工环境增加非最适宜品种的生产，尽管生产成本有所提高，但不仅避免了原来产品价格的下降，还可以生产本地市场需要的、价格更高的产品。

根据本地市场需求组织生产，对于最适宜生产的农产品，

$$C_{TP\cdot 都市现代农业} \geqslant C_{TP\cdot 农区农业}，C_{TT\cdot 都市现代农业} < C_{TT\cdot 农区农业}$$

对于本地需要但非最适宜生产的农产品，

$$C_{TP\cdot 都市现代农业} > C_{TP\cdot 农区农业}，C_{TT\cdot 都市现代农业} < C_{TT\cdot 农区农业}$$

从而完全有机会使得都市现代农业的总成本（$C_{TP\cdot 都市现代农业} + C_{TT\cdot 都市现代农业}$）小于农区农业的总成本（$C_{TP\cdot 农区农业} + C_{TT\cdot 农区农业}$）。因此，在经济利益的驱动下，都市现代农业会选择都市市场需求的产品进行生产，而农区农业会优先选择依据自然资源条件进行生产。

从耗用资源的产品类型讲，都市现代农业倾向于发展资本密集型产品，

而农区农业则倾向于发展土地密集型产品。根据增加资本投入能否有效增加单位土地面积的产出，农业可分为资本密集型农业和土地密集型农业。依据生产者农业总收入公式：

$$T_{\mathrm{R}} = PQA$$

式中，P 为产品价格；Q 为单位土地面积产量；A 为土地面积。

单位土地面积收入的增加包括产量增加和产品价格提高。如果增加资本投入提高了产量，或提高了产品品质，进而使产品可以更高的价格出售，从而在保证一定水平资本报酬率的情况下，农业生产经营者会愿意增加资本的投入，以获得更多的利润，这类农业可以称为资本密集型农业（见图 1－1）。但由于部分农业受自然资源条件的影响较大，增加资本投入难以提高单位土地面积产量，同时也难以提高产品品质，或者提高的产品品质不能得到消费者的认可。这样，资本的投入无法增加收入，要增加总收入就只有增加土地面积，这类农业不能成为资本密集型农业，只能是土地密集型农业（见图 1－2）。一般来讲，大田作物属于土地密集型农业，而园艺作物、畜牧水产养殖业属于资本密集型农业。由于土地成本高，资本成本低，都市现代农业会倾向于发展资本密集型产品。

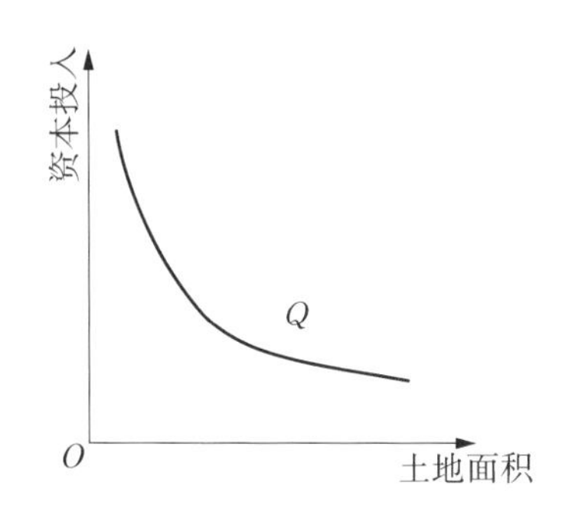

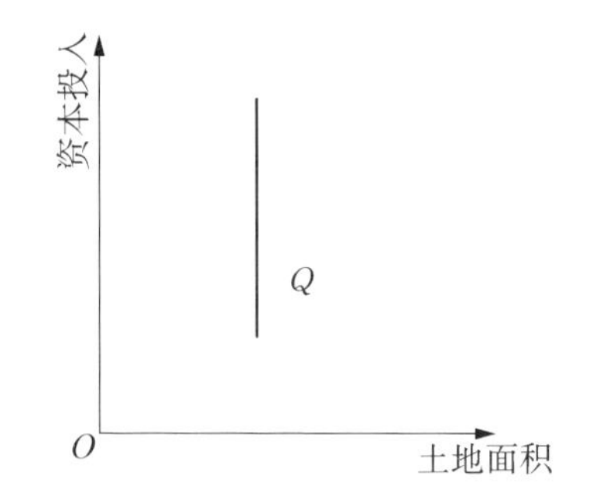

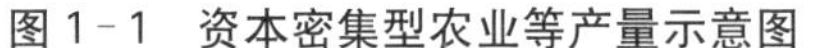

图 1－1　资本密集型农业等产量示意图　　图 1－2　土地密集型农业等产量示意图

（4）主客观环境推进都市现代农业种养模式向环境友好型和技术密集型优化。由于农业的自然属性，在某些农业中资本和土地之间不具有替代性，但物质资本和劳动力之间的替代性基本上都是显著的。为了完成同样的产量，可以多使用物质资本，也可以多使用劳动力。一般来讲由于物质资本代表了更高的技术水平，有机构成高的投入方式代表了更先进的技术水平，我们可以称之为技术密集型生产方式（见图 1－3）；反之有机构成低的投入方式，更多地使用劳动力，我们称之为劳动密集型生产方式（见图 1－4）。至于到底采用技术密集型，还是劳动密集型，除了技术本身的可用性，还主要取决于物质资本和劳动力的价格。由于都市及周围地区的劳动力价格高，而物质资本价格相对较低，因此都市现代农业倾向于采用技术密集型生产方式（图 1－3 中的 A 点为均衡点），而普通农村农业倾向于采用劳动密集型生产方式（图 1－4 中的 B 点为均衡点）。

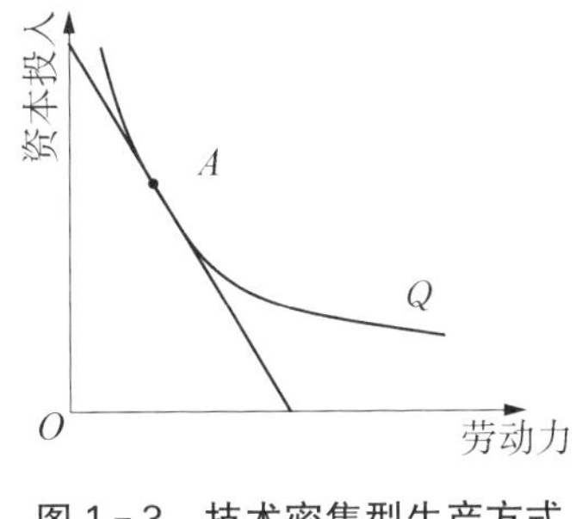

图 1－3　技术密集型生产方式

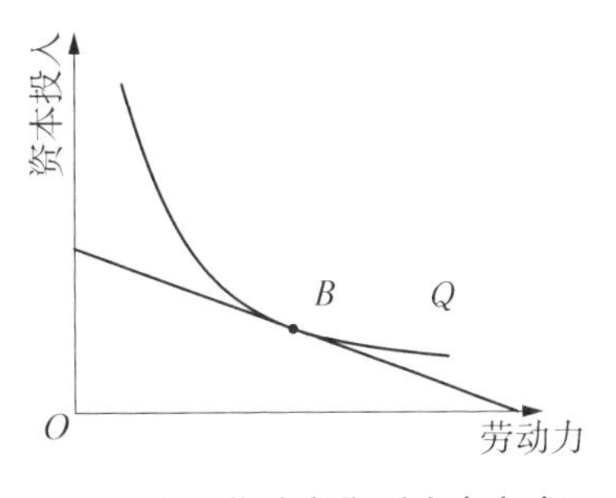

图 1－4　劳动密集型生产方式

综上，都市现代农业四维理论将都市现代农业理解为：在工业化、城镇化快速推进的背景下，面对急剧增长的都市食物需求和日益严峻的资源环境约束，通过科学规划土地资源，合理引导产业布局，在都市及其延伸地带发展起来的，以保障城市农产品供给为主体的，以维护城市生态和提升城市生活品质为两翼的，需求导向、资本密集型农业宏观生产结构，以及环境友好、技术密集型微观种养模式，是实现四化同步的典型代表。都市现代农业四维理论从功能、空间、结构和模式 4 个维度完整系统地描述了都市现代农业的基本特征，将都市现代农业与大农区农业进行了很好的区别，为都市现代农业的研究和实践提供了基本的理论框架。

思考题

1. 思考都市农业是一种客观现象，还是一种理想农业设计。
2. 简述城市化理论对都市农业研究的指导。
3. 简述都市农业四维理论的基本框架。

参考文献

[1] 周德翼，杨海娟. 城市农业发展机制研究[J]. 农业现代化研究，2002(1)：65－68.
[2] 俞菊生. 都市农业理论与创新体系构筑[J]. 农业现代化研究，1997(10)：107－210.
[3] 郭焕成. 都市农业发展的理论与实践[C]. 全国都市农业与新农村建设高层论坛，2006.
[4] 丁圣彦，尚富德. 都市农业研究进展[J]. 生态农业，2003(10)：159－163.
[5] 青鹿四郎. 农业经济地理[J]. 东京农文协，1935：185.
[6] 埃比尼泽・霍华德. 明日的田园城市[M]. 商务印书馆，2010：113.
[7] 吴方卫. 都市农业发展报告(2008)[M]. 上海：上海财经大学出版社，2008：21，23.
[8] 顾吾浩. 都市型：上海农业发展奏新曲[J]. 上海经济，1997(01)：44－45.
[9] 张占耕. 都市农业是城乡工农融合过程中的农业形态[J]. 学术月刊，1998(11)：41－44.
[10] 党国印. 关于都市农业的若干认识问题[J]. 中国农村经济，1998(03)：62－67.
[11] 李永强，赵庆河，史朝晖. 都市农业研究的若干基本问题[J]. 调研世界，1999(04)：35－37.
[12] 于战平. 都市型农业发展模式与天津沿海都市型农业研究[J]. 天津农学院学报，2001(01)：46－50.
[13] 彭朝晖，杨开忠. 政府扶持下的都市农业产业群模式研究——以北京市延庆县为例[J]. 中国农业大学学报，2006，11(2)：22－26
[14] 黄映辉，史亚军. 北京都市型现代农业评价指标体系构建及实证研究[J]. 北京农学院学报，2007(3)：61－65.
[15] 赵树枫，张强. 都市农业的意义及其发展中应注意的问题[J]. 农业经济问题，1998，19(4)：41－44.
[16] 干劲天. 上海实现城郊型农业向都市型农业转变研究[J]. 上海社会科学院学术季刊，2001(2)：54－64.

[17] 何秀荣. 都市农业的发展、特征和成效[J]. 蔬菜，2008(6)：1－2.
[18] Stevenson C, Xavery P, Wendeline A. Market production and vegetables in the peri-urban area of Dar es Salaam, Tanzania: UVPP [J]. Ministry of Agriculture and Co-operatives/GTZ, 1996.
[19] Murray S. Urban and peri-urban forestry in Quito, Ecuador: a case study [M]. Rome: Food and Agriculture Organization of the United Nations, Forestry Dept., 1997:104.
[20] Losada H, Martinez H, Vieyra J, et al. Urban agriculture in the metropolitan zone of Mexico: changes over time in urban, suburban and peri-urban areas [J]. Environment and Urbanization, 10(2):37－54.
[21] 萧清仁. 都市近郊设施园艺直销对农民所得与都市农业发展之个案研究[C]. 台北：都市农业发展研讨会，1994.
[22] 陈锡根. 试论都市型农业与农业现代化[J]. 上海农村经济，1996(10)：19－22.
[23] 秦红霞. 再论北京都市型现代农业的发展[M]//朱明德. 都市型现代农业理论与实践. 北京：中国农业出版社，2003：168－176.
[24] 张强. 都市农业：都市型郊区经济的基础产业[J]，首都经济杂志，2001(2)：33－35.
[25] 刘伟明. 城市化进程中城市农业发展探讨[J]. 中国农业科技导报，2006(2)：60－63.
[26] 金国锋. 城市农业功能冲突及解决路径[J]. 理论学刊，2006(3)：50－52.
[27] 凌耀初，胡月初. 都市圈中都市农业产业定位问题研究[J]. 农业现代化研究，2006(5)：192－195.
[28] 吴方卫，陈凯. 都市农业经济分析[M]. 上海：上海财经大学出版社，2007：2.
[29] Luc J A, Mougeot. Urban agriculture: definition, presence and potentials and risks [C]//Bakker M, Dubbeling S, Guendel U. Growing cities, growing food, urban agriculture on the policy agenda. 1999:2－3.
[30] Ayanwale F O, Dipeolu O O, Esuruoso GO. The incidence of Echinococcus infection in dogs, sheep and goats slaughtered in Ibadan, Nigeria [J]. International Journal of Zoonoses, 1982, 9(1):65－68.
[31] Pillai K J, Rao P L, Rao K S. A study on the prevalence of hydatidosis in sheep and goats at Tirupati municipal slaughter house [J]. Indian Journal of Public Health, 1986, 30(3):160－165.
[32] Cooper CW. The epidemiology of human brucellosis in a well-defined urban population in Saudi Arabia [J]. The Journal of Tropical Medicine and Hygiene, 1991, 94(6):416－422.
[33] 孔祥智. 都市型现代农业的内涵、发展思路和基本框架[J]. 北京农业职业学院学报，2007，21(4)：20－27.
[34] 吴方卫. 都市农业经济分析[M]. 上海：上海财经大学出版社，2007.
[35] 方志权. 对都市农业若干问题的再思考和再认识[J]. 上海农村经济，2012(4)：24－28.
[36] About RUAF [EB/OL]. [2024－08－08]. http://ruaf.org/about/.
[37] Food for the Cities [EB/OL]. [2024－08－08]. http://www.fao.org/fcit/fcit-home/en/.
[38] Our story [EB/OL]. [2024－08－08]. http://www.cityharvest.org/our-story/.

第 2 章　都市农业功能论

都市农业的功能由都市地区这一特殊空间中的需求和资源决定，有客观因素，也有主观因素。一方面，都市对都市农业有特殊的需求，这将通过市场的力量逐渐将其塑造成具有某些特殊功能的农业；另一方面，都市从特殊的资源条件约束角度，将都市现代农业塑造成特殊农业。都市农业的自然发展是基础，但自然发展无法完全满足都市的需求，这种需求将转化为都市现代农业应该具有的社会功能。

2.1　都市农业的多元功能及其相互关系

人们的需求类型具有主观性，人与人之间具有很大的差异，要直接界定有哪些具体的功能，以及每一种农业生产具有哪些具体功能，是非常困难的。我们可以考虑从间接的角度来考察功能的区别。实际上我们并不需要对每一项功能取一个名字并下定义，如果我们知道两种农业生产满足了人们不同的需求，那么显然它们就具有不同的功能，关键是怎样知道它们是满足人们不同的需求。这需要分私人需求和公共需求两类情况讨论。私人需求是通过市场交易而满足的，而公共需求不能通过市场交易，只能通过政府依据某些经验和理论进行判断而提供。就农业来讲，食物、休闲旅游和其他物质需求主要属于私人需求，而生态需求很大程度属于公共需求。私人需求的种类比较容易界定,而公共需求比较难界定。

2.1.1 私人需求与都市农业功能

由于私人需求是通过市场交易满足的,因此私人需求类型总能够以产品(有形产品或无形产品)的形式进行分类。从需求角度对产品进行分类,或者以产品的形式对不同需求的满足进行界定,可以依据两种产品的需求交叉弹性,即 $\frac{\Delta Q_B/Q_B}{\Delta P_A/P_A}$ 来确定,当A和B两种产品的需求交叉弹性趋向$+\infty$,我们就认为A和B实际上是一种产品,或者说产品A和B对消费者来讲是满足的一种需求,即认为产品A和B具有相同的功能。因为产品A和B的需求交叉弹性趋向$+\infty$时,即当产品A的价格有很小的上升,产品B的需求量就有极大的上升,原因是原来购买产品A的消费者大量转移到购买产品B去了,这说明产品B和产品A对消费者来讲是一样的。另一方面,如果两种产品的需求交叉弹性很小,即当产品A的价格有较大的上升,产品B的需求量却只有很小的上升,说明产品B并不能很好地替代产品A,这时我们就认为产品A和产品B属于两种不同的产品。更特殊的是两种产品的需求交叉弹性等于0,即当产品A的价格上升时,产品B的需求量没有任何变化,说明产品B根本不能替代产品A,即两种产品对消费者来讲具有不同的功能。

2.1.2 公共需求与都市农业功能

公共需求由于不能具体地分摊到每个居民或消费者身上,也没有相应的市场尺度(价格),从而我们也很难从居民的意愿角度对需求的种类进行界定。但我们注意到,从大类角度讲,农业满足公共需求的功能主要就是生态功能,而农业所提供生态功能的内部差异性要远远小于私人需求中食物功能的内部差异性。比如绝大多数种植业都有净化空气的作用,区别只在于大小，质的区别很小（不否认某些作物对某些污染物有专有的净化能力，但这不是主要的）。或者说，居民不会认为不同种植业在净化空气方面还存在种类的区别，那么我们就认为它们在功能的种类上是一样的。在研究结构调整时，如果从私人需求角度讲，人们会考虑到底多种鸡毛菜，还是多种苋菜，因为它们具有不同的功能，但就生态功能来讲就不需要考虑这种区别了。由于农业满足公共需求主要就是体现其生态功能，因此我们对生态功能只进行基本的划分就可以了。根据农业的特点，其生态功能主要包括：环境净化功能、生物多样性功能和废弃物循环功能。

2.1.3 农业多功能性与功能关系分析

农业多功能性最初源于农业份额的下降所引发的对农业功能和地位的思考。20 世纪 70 年代以舒马赫为代表的和谐发展理论，给予农业与农村足够的重视。舒马赫指出农业除对经济增长的贡献外还有另外 3 个基本作用：一是使人与自然界保持联系；二是使人的居住环境变得高贵且人性化；三是提供正常生活所需的食品与其他材料[1]。后来在国际贸易谈判中，农业的多功能性被各国用来作为进行农业补贴的借口，因此被相关国际组织广泛提及[2]。关于农业多功能性的定义，乌东峰[3]汇总了几个典型定义。经济合作与发展组织（OECD）：农业活动要超越提供食物和纤维这一基本功能，形成一种景观，为国土保护及可再生自然资源的可持续管理、生物多样化保护等提供有利的环境。联合国粮食及农业组织（FAO）：农业基本职能是为社会提供粮食和原料，但在可持续乡村发展范畴内，农业又具有多重目标和功能，包括经济、环境、社会、文化等各个方面。法国农业指导法：农业已不再简单地是农民的问题，也不再仅仅是经济发展问题，而关系到人类的健康和生活质量，关系到就业，关系到国土整治、环境保护等一系列社会问题。日本农业白皮书：保证食品安全、形成自然风景、保护土地和自然环境、增加农村地区的社会经济生存能力。尽管有各种各样的定义，但相互并无本质区别，只在表述上有所不同。

农业多功能性并不是一个简单的问题，单从多功能性这一概念本身来讲就有两种不同的含义：第一，一种农业活动同时具有多种功能；第二，各种不同的农业活动具有不同的功能，但一种农业活动在某一特定时空只有一种功能。这两种情况是完全不一样的，但问题是从现有定义中我们无法判断农业的多功能性到底是指哪一种情况。如果是第二种情况，那么我们就可以直接根据不同的功能需求选择不同的农业。但如果是第一种情况，问题就比较复杂了，各功能之间是什么关系，怎样可使综合功能最优等问题就需要进一步研究。从陈秋珍[4]的一篇国内外农业多功能性研究综述中可以看出来，现阶段的研究比较侧重于农业的某一个功能，尤其是其环境功能的评价研究，从中很难看出农业的多功能性到底是不同的农业有不同的功能，还是一种农业具有多种功能。但从农业活动的实际情况来看，我们认为应当是第一种情况，即一种农业活动同时具有多种功能。

农业的多功能性是指一种农业同时具有多种功能。农业多功能性对农业发展最主要的指导意义在于如何充分发挥农业的多元功能使农业的综合价值达到最大。而要研究这一问题，就需要首先搞清楚以下两个问题。

第一，一种农业活动的各种功能是独立的、此消彼长的还是相互促进的？或者说某一项功能的变化会对其他功能有何影响？不同的情况会导致完全不同的实践决策。如果各功能完全独立，那么需要调整什么功能就调整什么功能；但如果此消彼长，提升生产功能会导致生态功能降低，这时就要权衡利弊了；当然，如果是相互促进那就最好了。从实际情况来看，3 种情况都是存在的。不同品种水稻的产量和品质不同，即生产功能不同，但对生态环境的影响差异不大；农药的使用提高生产功能，但降低了生态功能；被废水污染的土壤种植花卉，经济、生态和生活功能都得到提升。两种功能的关系

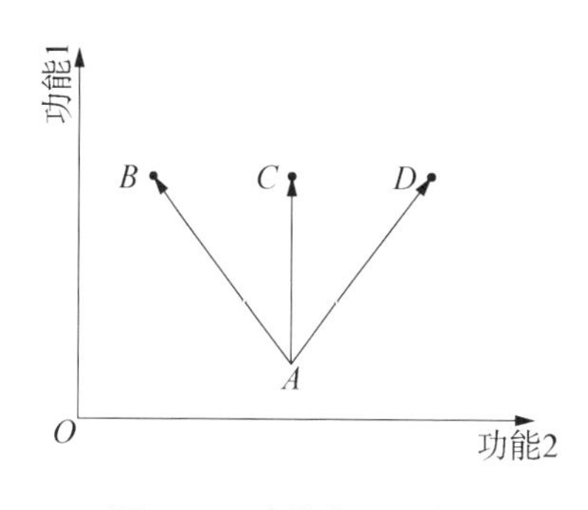

图 2-1 功能关系示意图

可用图 2-1 来表示，从 A 点到 B 点，功能 1 提升，功能 2 下降，属于此消彼长；从 A 点到 C 点，功能 1 提升，功能 2 不变，属于相互独立；从 A 点到 D 点，功能 1 提升，功能 2 也提升，属于相互促进。

第二，是否存在附属功能，也就是其他功能存在时，此种功能自然存在，而不需要额外消耗资源？如果实现某种功能需要消耗一定的资源，那么在进行功能调整时，就需要权衡成本问题；如果某些功能是附属于其他功能的，或者说是自然存在的，那么这些功能实际上就不具有太多的研究价值，在功能调整时可不予考虑。从农业实践来看，上述情况都是存在的。根据祖田修[5]所归纳的农业的多元功能中，社会文化功能很多都属于附属功能：一般性功能（包括社会的多样性、安定性、持续性、地域社会的维持、克服专业化和单纯化等）、社会交流（包括城乡交流、农产品直销、由工返农及务农等）、福利功能（包括老龄社会中老年人的生活意义、雇佣和职业空间、适合各年龄层的工作、残疾人口的生活等）、教育功能（包括理解自然，培养协调精神、耐力、情操和创造性等）都属于附属功能，只要有农业存在，这些功能就自然存在。而经济功能和生态功能往往需要额外的资源消耗，社会功能类的教育功能中的学校农园，人性复原功能中的自然休养林、体验型农场、观光农园、别墅、市民农园等也需要额外的资源消耗，这些功能的实现要考虑功能与成本的协调问题。

2.2 我国都市农业发展不同阶段的功能演变

改革开放开启了我国的城镇化进程，城镇化率从 1978 年的 17.92%提高到 2020 年的 63.89%。其中，1978 年至 1999 年属于城镇化启动阶段，21 年间城镇化率提高了约 13%，年均提高约 0.62%；2000—2020 年属于城镇化的加速推进阶段，在这 20 年，城镇化率提高了约 33%，年均提高约 1.65%。2021 年我国进入了全面乡村振兴的新阶段，随着乡村产业兴旺发展和城市注重内涵增长，我国的城镇化将进入优化完善阶段，预计年均城市化率提高 0.4% 左右，即再用 10～15 年的时间将城镇化率提高到 70%以上，以完成城镇化。

城镇化的推进全方位影响大中城市郊区农业农村的发展。一方面，城镇化促进农产品消费数量增加和结构升级，改变了原有的区域供需结构，同时城郊农地面积相对数量和绝对数量都不断减少，增加了城市农产品市场供需平衡的难度，也为大城市郊区农业发展耐储运和高品质农产品带来了机遇。另一方面，城镇化促进了城市非农产业发展，对传统农业生产要素的竞争提升了都市农业的经营成本，尤其是土地成本和劳动力成本的上升成为都市农业经营面临的重要挑战。同时，城镇化形成的先进生产要素也为都市农业现代化改造提供条件。与城镇化发展 3 个不同阶段相适应的是都市农业发展的 3 个阶段。

2.2.1　1988—1999 年，以缓解城市副食品供求矛盾为重心的“菜篮子”基地建设阶段

20 世纪 80 年代中期开始的城市经济体制改革，推动了我国经济的高速发展和城镇居民收入的迅速增长，同时也出现了城市副食品供求矛盾加剧，物价上涨过快，通货膨胀的压力加大的状况。1988 年 7 月，国务院委托国家计委批复同意农业部提出的《关于发展副食品生产保障城市供应（简称菜篮子工程）的建议》，以缓解我国副食品消费的供求矛盾。同年 9 月“菜篮子”工程首先在北京、天津、上海 3 大直辖市开始实施，继而在全国各大中城市全面推开，明确要求各大中城市政府要抓好“菜篮子”工程建设，发展副食品生产，保证市场供应。

在这一时期，面对城市扩展导致城市“菜篮子”产品供不应求的突出矛盾，都市农业在大中城市郊区利用距离优势和资金优势，大力推进肉、蛋、奶、水产和蔬菜生产基地，以及良种繁育和饲料加工等服务体系建设，通过调整农产品生产结构，重点发展“菜篮子”产品的城郊产品型农业，以保障市民一年四季的生鲜农产品供应。

党中央、国务院的重视，各有关部门的支持与配合，以及“菜篮子”市长负责制的实行，推动了“菜篮子”工程建设的快速、健康发展，到20世纪90年代末，从根本上扭转了我国副食品供应长期短缺的局面。与1987年相比，1997年我国肉类产品总产量达6200万吨，年均递增约10.8%；禽蛋总产量达2100万吨，年均递增约13.5%；奶类产品总产量达810万吨，年均递增约7.9%；水产品总产量达3600万吨，年均递增约12.4%；蔬菜总产量达3.13亿吨，年均递增约7.2%；水果总产量达5000万吨，年均递增约11.6%。“菜篮子”产品供应，一年四季品种丰富，质量档次显著提高，为改善城镇居民膳食结构和提高生活质量做出了历史性贡献。

2.2.2 2000—2011年，“菜篮子”产品质量优化提升阶段

1999年9月，全国第十二次“菜篮子”工程产销体制改革经验交流会议正式提出，国内“菜篮子”的供求形势从长期短缺转向供求基本平衡，“菜篮子”工程全面向质量提升发展。同时，我国工业化推进速度加快，城镇基础设施建设力度加大，农村人口向城镇的转移数量增大，城镇化进入了加速推进阶段。这一时期，各地仍然把保障“菜篮子”产品有效供给作为发展都市农业的首要任务，通过建设“菜篮子”基地、搞好产销衔接、强化质量安全监管，保证城市居民生活所需，稳定城市物价水平。

在这一时期，经过10多年的发展，“菜篮子”产品产量大幅增长，品种日益丰富，质量不断提高，市场体系逐步完善。为适应形势变化、满足城乡居民

对“菜篮子”产品日益提高的要求，国务院办公厅出台了关于统筹推进新一轮“菜篮子”工程建设的意见，提出了生产布局合理、总量满足需求、品种更加丰富、季节供应均衡，直辖市、省会城市、计划单列市等大城市“菜篮子”产品的自给水平保持稳定并逐步提高，“菜篮子”产品基本实现可追溯，质量安全水平显著提高，市长负责制进一步落实，供应保障、应急调控、质量监管能力明显增强。

2.2.3　2012—2020年，以多功能为特色的三产融合发展阶段

经过20多年“菜篮子”工程建设的发展，我国城市郊区农业成为我国农业的重要组成部分，与优势农产品生产区、特色农产品生产区一起构成了我国农业的“三大板块”。到2012年，全国36个大城市耕地面积接近全国的1/9，蔬菜产量占全国的1/6。同时，相对于其他农区，大多数城市更具备工业反哺农业、城市带动农村的条件，能够率先完成从传统农业向现代农业的转型。但是，都市农业发展面临生产成本上升、组织化程度不高等问题，特别是资源环境约束、比较效益偏低、劳动力素质亟待提升等方面的问题更为严峻。在这一背景下，大城市郊区农业从单一保“菜篮子”功能，向以生产保障功能为主，兼具生态、休闲、文化和教育等多元功能的一二三产业融合转型。

2012年4月，农业部在上海召开了第一次以都市现代农业为主题、专门面向大中城市召开的会议。会议提出力争通过3～5年的努力，把都市农业建设成为城市“菜篮子”产品重要供给区、农业现代化示范区、农业先进生产要素聚集区、农业多功能开发样板区、农村改革先行区，大幅提升城市主要农产品供给保障能力和农民收入水平。

2016年4月，全国都市现代农业现场交流会在北京召开。时任国务院副总理的汪洋出席会议并指出，加快发展都市现代农业，是推进农业供给侧结构性改革、提高供给体系质量和效率的迫切需要，是践行以人民为中心的发

展思想、提高新型城镇化水平的客观要求，是促进城乡发展一体化、提高农村发展水平的必然选择。

2020 年 2 月，在新冠疫情爆发时期，习近平总书记对“三农”工作做出重要指示，强调越是面对风险挑战，越要稳住农业，越要确保粮食和重要副食品安全。“三农”工作成为整个抗疫工作和经济社会发展的基本盘。作为大中城市农产品供给保障的关键力量，都市农业在此次抗疫斗争中，承受巨大压力、面临巨大考验，各城市政府坚定不移贯彻新发展理念，以推动都市农业高质量发展为主题，统筹发展和安全，落实加快构建新发展格局要求，深入推进都市农业供给侧结构性改革。

我国都市现代农业经过 30 余年发展，不但取得了举世瞩目的成就，还探索出具有中国特色的都市现代农业发展模式。各城市充分发挥都市农业的保障城市供给、城市生态屏障、带动农区发展和文化传承等功能，为取得抗击新冠疫情的重大战略成果，为全面打赢脱贫攻坚战、全面建成小康社会、全面建设社会主义现代化国家提供有力支撑。

1. 城市应急保障的能力明显增强

作为大中城市农产品供给保障的关键力量，都市现代农业在全国一心抗击新冠疫情的过程中确保蔬菜、肉蛋奶、粮食等居民生活必需品的充足供应，在特殊时期发挥了稳定民心、提振信心的关键作用。截至“十三五”末，35 个大中城市利用全国一成左右耕地面积，供应了 3.3 亿城市常住人口 64.0%的“菜篮子”农产品，蔬菜、肉类、水产品、禽蛋、鲜奶的自产保障供应程度分别达到 95.9%、75.6%、67.9%、60.7%和 19.7%。同时，35 个城市人均自产粮食 242 公斤(1 公斤＝1 kg)，约为全国人均占有量平均水平 470 公斤的一半，基于营养膳食需求的粮食应急安全保障水平约为全国的 1/2。

2. 都市绿色发展的基础更加坚实

经过多年的发展落实，绿色生态发展理念在都市现代农业中已得到很好的贯彻，各城市也都出台了比较完善的促进政策，“十三五”期间，大中城市农药与化肥的“双减”幅度高于全国，农药和化肥施用强度年均降幅分别为 8.4%和 15.6%，秸秆综合利用率和畜禽养殖资源化平均利用率均超过全国水平。

3. 三产融合发展的格局基本形成

在市场激励和政策引导下，三产融合已成为都市现代农业产业发展的基本形态。“十三五”期间，35 个大中城市农产品加工业与农业总产值比扩大约 2 倍，农林牧渔服务业产值占农林牧渔业总产值的比重增长 26.7%。大中城市通过不断延伸农业产业链，乡村一二三产业深度融合，提升农业竞争力与综合效益，做优都市乡村第一产业，做强都市乡村第二产业，做活都市乡村第三产业，拓宽融合发展途径，大力发展农产品物流商贸、休闲农业，在农业生产性服务业与生活性服务业的范围与服务质量上形成突破，增强科技、金融、信息等支持水平，使休闲农业与乡村旅游发展凸显美学价值。

4. 先进要素聚集的水平显著提高

都市现代农业因依托并服务城市的区位优势，发展成为先进农业生产要素的重要流向。“十三五”期间，35 个大中城市农林水支出占一产增加值的比重提高 33.53%。成都市依托土地交易、农业科技创新等多种服务平台，打造“都市现代农业硅谷”。

5. 新型的农业经营体系更加成熟

经过几年的家庭农场和合作社等新型经营主体的大力培育，都市农业中新型经营主体的比重显著提升，经营水平显著提高，新型的都市农业经营体系更加成熟。2020 年，35 个城市的农业土地产出率和劳动生产率分别达到 7400 元/亩（1 亩=666.6 m^2）和 4.3 万元/人，农村居民人均可支配收入升至 21583 元，城乡收入比降至 2.32。各城市巩固和完善农村基本经营制度，创新农业经营体系，培育新型农业经营主体和农村人才队伍，激发农业农村发展新动能，围绕农民增收多途径激发都市农业农村就业创业潜能。

2.3 服务都市功能

2.3.1 生产保障功能

生产供给保障又包括分担粮食安全责任、稳定“菜篮子”产品市场和保障农产品质量安全。粮食安全是国家安全和社会稳定的基础，粮食生产高度依赖自然条件，拥有良好自然资源的大城市郊区，理应分担粮食安全责任；粮食生产耗费劳动少，大城市郊区缺乏劳动力资源，有必要稳定粮食生产。不耐储运的“菜篮子”产品必须是连续生产连续消费，生产的时间、空间结构能否与消费结构匹配，关系到市场稳定和社会稳定。大市场大流通背景下，市场波动具有传递性，并容易被放大，提高地产能力有助于稳定本地市场，进而稳定全国市场。农产品的质量安全是食品安全的基础，影响农产品质量安全的因素包括生产过程的环境污染、农用化学品的违规使用，以及储运加工过程中药物的违规使用。高度分工和完全市场化造成城市食品供应链各环节的质量安全信息高度不对称，使食品质量面临极高的安全风险。如何有效防范安全事故，并激励经营者主动提升安全水平，是保供给的重要内容。都市农业在稳定“菜篮子”产品市场和保障农产品质量安全方面应当起到关键的调控和保障作用。

判断一类产品是多了还是少了有两种方法，一种是事前标准法，一种是事后状态法。事前标准法就是在生产前根据资源和需求情况计算出每一种产品应该是多少，如果生产出来的产品数量大于或小于标准，问题一目了然。这种方法的关键在于如何计算出标准比例，这实际上是几乎无法完成的事情。总体资源数量、每一个消费者的需求，以及每一个生产者的资源占有情况非常难以掌握，而这是计算标准的必要条件，因此这种方法仅理论上存在，实际上没有意义。事后状态法是依据某些指标对生产结束后表现出来的状态进行判断，这种方法的关键是指标是否合理。这种方法似乎有事后诸葛亮的嫌疑。实际上如果我们根据某一指标判断某种产品多了，那么可以在下一次生产时进行调整，经过多次调整，产业结构会逐渐接近最优。因此，这种方法是比较切合实际的。

那么什么指标可以判断一种产品是多了还是少了，经济学提供了一个非常简单的指标——经济利润，即产品的市场价格与单位商品的成本（平均成本）的关系：

$$\pi = X(P - C_A)$$

式中，π 为经济利润；X 为产量；P 为市场价格；C_A 为平均成本。

在竞争性的市场上，每一个经营者只能获得平均利润，即经济利润为 0，也即产品价格等于平均成本（$P = C_A$），如果经济利润大于零，即产品价格高于平均成本，则说明产品生产少了，因为数量少导致价格上涨超过成本；如果经济利润小于零，即产品价格低于平均成本，则说明产品生产多了，因为数量多了导致价格下跌低于成本。因此经营者的经济利润是判断产量是否是最优的科学标准。但具体的产量应该是多少呢，如果我们不知道具体的产量就无法对产业结构调整进行指导。实际上，因为价格和产量之间存在对应关系，即需求价格关系（需求价格曲线），如果我们根据历史经验知道多个（至少两个）价格（P）和产量（X）之间的对应关系，就可以模拟出需求价格曲线，从而可以找出刚好等于平均成本的价格（P）所对应的产量（X）。如图 2-2 所示，当产量为 X_1 时，由于产量较小，市

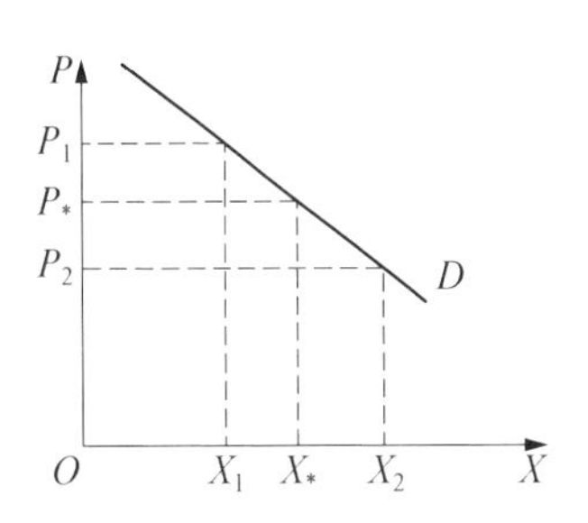

图 2-2　最优产量的确定

场价格就为高于成本的价格 P_1；当产量为 X_2 时，由于产量较大，市场价格就为低于成本的价格 P_2。根据（X_1，P_1）和（X_2，P_2）可确定市场的需求曲线 D，然后根据需求曲线，找到与成本相等的 P_* 所对应的产量 X_*，就是该产品的最优产量。

但现在的问题是，根据这种方法确定的是市场的最优产量，或者市场的最优供给量。在大市场大流通的背景下，某一城市市场的农产品，包括本地供给量（$X_{自供}$）和外地供给量（$X_{外地}$）。如果外地供给量是确定的，那么可以根据 $X_{自供}=X_*-X_{外地}$，就可以确定本地最优产量，但实际上外地供给量是不确定的。一般来讲，当某一城市的价格高于外地价格（$P_{本地}>P_{外地}$）（此时，城市可能是供不应求，但供不应求比外地更严重；也可能是供过于求，但供过于求没有外地严重）时，外地向城市的供给量（$X_{外地}$）将增加，并最终导致两地价格相同（$P_{本地}=P_{外地}$）；当某一城市的价格低于外地价格（$P_{本地}<P_{外地}$）（此时，城市可能是供过于求，但供过于求比外地更严重；也可能是供不应求，但供不应求没有外地严重）时，外地向城市的供给量（$X_{外地}$）将减少，并最终导致两地价格相同（$P_{本地}=P_{外地}$）。因此，外地供给量的增减与两地的价格差有关，根本不可能确定。但两地价格差与全国市场总供给量、本地供给量以及本地供给量占本地需求量的比重（自供率）有关。全国总供给量（总产量）决定全国市场的价格水平，或者说外地市场的价格水平（$P_{外地}$）。本地需求量（$X_{自供}+X_{外地}$）决定本地市场的价格水平，本地需求量由本地供给量和自供率决定，或者说由本地供给量和外地向城市的供给量决定。但由于外地向城市的供给量无法确定，所以本地最优供给量和自供率就无法确定。但我们注意到一个问题：外地为什么要向本地城市供应。从短期来看，是因为本地城市的价格高于外地价格（$P_{本地}>P_{外地}$）；但从长期来看，不仅要本地城市的价格高于外地价格（$P_{本地}>P_{外地}$），而且还要有利可图即经济利润大于等于零（$\pi \geqslant 0$），即外地商品的价格大于等于其成本（$P_{外地} \geqslant C_{A外地}$）。既然

有 $P_{本地} > P_{外地}$，又有 $P_{外地} \geqslant C_{A外地}$，从而有 $P_{本地} > P_{外地} \geqslant C_{A外地}$，同时尽管短期来看，存在 $C_{A本地} < P_{本地}$，但从长期来看，应该是 $C_{A本地} = P_{本地}$，根据外地向本地城市供应的原因是存在 $P_{本地} > P_{外地} \geqslant C_{A外地}$，因此有 $C_{A本地} = P_{本地} > P_{外地} \geqslant C_{A外地}$，从而外地产品之所以会向本地供应是因为 $C_{A本地} > C_{A外地}$。这里的成本没有考虑运输成本，考虑到运输成本后，应当是 $C_{A本地} \geqslant C_{A外地}$。

因此，从长期来看，外地产品之所以会向本地供应，是因为 $C_{A本地} \geqslant C_{A外地}$，而且 $C_{A本地}$ 比 $C_{A外地}$ 大得越多，外地产品所占比重就越高，即市场自发的自供率就越低。而本地自供率越低，本地成本 $C_{A本地}$ 对本地价格 $P_{本地}$ 影响就越小，从而本地价格 $P_{本地}$ 就越由外地成本决定。

有了上面的农产品流通机制后，我们就可以来确定本地最优供给量（最优产量），以及对应的最优自供率了。

如果 $C_{A本地} > C_{A外地}$（这里的外地成本包含运输成本），外地产品肯定会完全占领本地市场，本地最优供给量为0，即 $X_* = X_{外地}$，自供率为0，并且会出现本地价格高于外地价格 $P_{本地} > P_{外地}$，价格高出部分由运输成本决定。

如果 $C_{A本地} < C_{A外地}$（这里的外地成本包含运输成本）本地产品肯定会完全占领本地市场，本地最优供给量为 X_*，即 $X_* = X_{本地}$，自供率为1，并且会出现本地价格低于或等于外地价格 $P_{本地} \leqslant P_{外地}$。

对于部分本地经营者，$C_{A部分本地} < C_{A外地}$，且 $X_{部分本地} < X_*$，则本地初始最优供给量为 $X_{部分本地}$，初始自供率为 $\frac{X_{部分本地}}{X_*}$。当 $C_{A部分本地} < C_{A外地}$，且 $P_{本地} \leqslant P_{外地}$ 时，外地产品不会进来，则本地市场出现供不应求，本地价格会上涨，从而出现 $P_{本地} \geqslant P_{外地}$，如果高出的价格并不足以弥补运输成本，外地产品仍然不会进来，这样本地原来的生产者将获得经济利润，而在经济利润的刺激下，原来成本较高的经营者（前提是 $C_{A其他本地} = C_{A外地}$）也开始生产，

$P_{本地}$开始下降，直到所有生产者均没有经济利润，此时 $C_{A本地} \leqslant C_{A外地}$，$P_{本地} \leqslant P_{外地}$，本地最终最优供给量为 X_*，最终自供率为 1。如果在原来经营者获得经济利润的价格水平下，本地其他经营者由于成本原因无法获得正常利润，同时 $P_{本地} \leqslant P_{外地}$，那么市场价格将维持在原来经营者获得经济利润的水平。这样，产品就没有达到最优产量，消费者长期受损。此时，如果 $P_{本地} \geqslant P_{外地}$，但价格高出部分不能弥补外地产品的运输成本，则情况与 $P_{本地} \leqslant P_{外地}$一样。如果 $P_{本地} \geqslant P_{外地}$，且价格高出部分能够弥补外地产品的运输成本，则外地产品会向本地供给，从而导致本地价格下降，本地经营者的经济利润下降，由于 $C_{A部分本地} < C_{A外地}$，所以如果外地产品能够进来，即保障其能够获得正常利润(经济利润等于零时：$C_{A外地} = P_{本地}$)，那么仍然有 $C_{A部分本地} < P_{本地}$，即本地生产者仍然获得经济利润，从而价格下降不会导致产量减少，本地产量 $X_{部分本地}$不减少，那么外地产品就只能占有 $X_* - X_{本地}$份额，此时不需要担心外地产品大量涌入，因为一旦 $X_{外地} > (X_* - X_{本地})$，会导致价格下降，首先受损的是成本相对较高的外地产品。所以当 $C_{A部分本地} < C_{A外地}$，只要本地经营者有经济利润，其产量就不会减少，外地产品就只能填补 $X_* - X_{本地}$这一部分。本地最优产量就是 $X_{部分本地}$(成本低于外地产品的那部分产量)，自供率 $= \frac{X_{部分本地}}{X_*}$。

如果 $C_{A本地} = C_{A外地}$，当初始本地价格 $P_{本地} = C_{A本地}$，此时若外地价格 $P_{外地} < P_{本地}$，则将有更多的外地产品进入本地，导致本地价格 $P_{本地}$下降，并进一步导致本地产量下降，两地经营者都出现亏损，但本地自供率是多少并不确定，由于本地产量 $X_{本地}$占全国的总产量 $X_{全国}$的比重很低，即使本地完全不生产，也不会导致全国价格上升，但由于外地经营者一样亏损，所以全国产量必然下降，从而导致 $P_{外地}$和 $P_{本地}$上升，以保障经营者获得平均利润($P_{外地} = C_{A外地}$)。尽管价格上升了，但由于在价格下降的过程中本地经营者

已经不生产了，本地市场被外地产品占领，此时若本地经营者开始生产。必然导致本地市场供过于求，本地经营者无利可图，因此没有生产积极性。但如果由于全国产量下降，从而导致 $P_{外地}$ 和 $P_{本地}$ 上升，并且经营者获得了经济利润（$P_{本地}=P_{外地}>C_{A外地}$），则本地经营者将开始生产。这样，本地市场供给量增加，$P_{本地}$ 下降，但本地经营者仍然获得大于平均利润的利润（$P_{本地} \geqslant C_{A本地}$），此时由于 $P_{本地}<P_{外地}$，外地产品将逐渐退出本地市场，在退出过程中，本地价格 $P_{本地}$ 又开始上升，直到 $P_{本地}=P_{外地}$，外地产品停止退出市场，此时本地自供率是多少也不确定。

综上，当 $C_{A本地}>C_{A外地}$ 时，本地经营者不生产，市场价格随全国市场波动；当 $C_{A本地}=C_{A外地}$ 时，本地市场价格随全国市场波动，本地经营者也极不稳定，自供率不确定；当 $C_{A本地}<C_{A外地}$，或 $C_{A部分本地}<C_{A外地}$，本地市场价格低于全国市场价格，市场价格相对稳定，自供率为 1 或 $\frac{X_{部分本地}}{X_{*}}$。因此，较高的自供率是稳定本地市场价格的重要条件。较高的自供率是以较低的本地成本为基础的，但是我们知道，由于都市农业生产要素中土地和劳动力的成本较高，只有技术和资本成本相对较低，都市农业中技术和资本密集型农业的自供率才会较高，而土地和劳动密集型农业的自供率会很低。同时也告诉我们，要保障本地自供率，政府的补贴是不可少的，主要由于资本和技术密集型农业现在的优势越来越不明显了。

案例：上海都市农业的保供功能

（1）建立主要农产品最低保有量制度。上海一直坚持把地产主要农产品有效供给和质量安全作为现代农业发展的首要任务。为确保主要农产品的有效供给，上海建立了地产主要农产品的最低保有量制度。地产主要农产品的最低保有量及其确定依据包括 4 个方面。一是宏观调控：按照国家关于粮食主销区的要求，上海市必须确保10亿公斤粮食生产能力，确保20%的粮食自给水平不下降。二是产品特点：对鲜活度高、不耐长途运输或长途运输不经济的产品确定的自给率相对较高，如绿叶菜为80%以上，鲜奶为55%。三是运输条件：对周边省市易于调入的产品，保有量可适当降低，如淡水养殖产品的自给率为30%。四是国际经验：参照国际上一些大城市的做法，将生猪、家禽和鲜蛋按照3个月的消费量作为最低保有量，自给率为25%，其中，考虑到本市生产基础，将家禽自给率调高为50%。

(2) 建立健全保供的考核激励机制。上海市2010年制定《稳定蔬菜生产确保市场供应工作责任制的考核办法》，对各区县工作责任的落实、管理队伍的建立、生产面积及上市量的统计，以及安全监管等工作进行考核和评定。市农委、市财政联合下发了《上海市地产绿叶菜上市考核奖励暂行办法》。2013年，上海市人民政府办公厅发布了《本市确保蔬菜生产保障市场供应工作责任制考核办法》(沪府办〔2013〕64号)，规定考核期限为2013—2017年，要求考核结果与市级主副食品价格稳定基金奖励挂钩。2014—2018年继续维持2012—2013年考核奖励额度和列支渠道，市财政每年从市主副食品价格稳定基金中安排专项资金1亿元。各区县政府高度重视，将蔬菜种植面积、绿叶菜种植面积及上市量、蔬菜产品质量安全合格率等重要指标，量化分解到乡镇和生产基地。

(3) 建立了完善的政策性农业保险体系。健全"菜篮子"工程保险制度和农业保险大灾风险分散机制。在全国首创绿叶菜淡季成本价格保险机制，"冬淡"保险期59天，"夏淡"保险期77天，市级财政补贴约50%保费，区县财政补贴约40%保费，菜农自缴约10%保费，保护和调动了菜农的生产积极性。针对2013年夏季罕见高温天气，探索了蔬菜气象指数保险，建立了"夏淡"期间菜农高温人身伤害保险和农业保险大灾害风险分散机制，减轻市场价格波动对菜农造成的损失。进一步加大了渔业保险支持力度，淡水养殖保险补贴比例从 40%提高至 60%。针对南美白对虾养殖风险大、病害重的情况，试行了南美白对虾互助保险模式，取得了较好的成效，平均赔付率为 52.8%，比非互助保险赔付率低 11%，切实保障了渔业生产和渔民利益。

(4) 建立健全价格调控机制。为确保蔬菜市场价格相对稳定，上海市建立了应对价格过低和过高的机制。当价格过低时，将对生产者进行成本补偿，即目前的成本价格保险方法：当零售价格低于前 3 年的平均零售价格时，即启动赔偿机制，零售价格下降百分之多少，就补偿成本价格的百分之多少。但目前成本价格保险只限于"两淡"期间，且为了鼓励生产的积极性，价格下限定得比较高，不是下降幅度，而是直接的平均价。当价格过高时，上海市建立了《上海市蔬菜应急保障供应预案》，应急保障供应预案的核心是分级预警与触发响应机制，即绿叶菜平均批发价格超过某一基准价格(2011 年为每斤 1.20 元)的 20%，不同幅度将立即启动不同应急保障措施。Ⅲ级预警：绿叶菜平均批发价格一周内上涨幅度达到 20%～50%，触发加强市场监测、组织客菜货源、减免绿叶菜直供摊位租金等机制响应；Ⅱ级预警：Ⅲ级状态持续一周或绿叶菜平均批发价格上涨幅度达到 50%～70%，触发减免批发市场交易费、蔬菜摊位补贴、工厂化快速育苗、腾茬抢种速生绿叶菜等机制响应；Ⅰ级预警：Ⅱ级状态持续 10 天以上，绿叶菜平均批发价格上涨幅度达到 70%以上，或绿叶菜零售价格达到本市蔬菜批发均价的 200%～300%及以上，触发市场干预措施、吸纳外来绿叶菜、严厉打击不法行为、特定人群价格补贴等机制响应。

(5) 设立专项资金扶持农业旅游。为加快推进上海市农业的"接二连三"工作，充分发挥农业旅游在促进农业增效、改善农村生态环境、带动农民就业增收等方面的作用，提高农业旅游专项扶持资金使用效益，制定了《2013—2015 年上海市农业旅游专项扶持资金项目申报指南》，主要扶持两类项目。

一是以农业生产为基础的休闲观光与体验活动项目，主要包括农家乐、休闲农庄、观光农园、民俗文化村、农业旅游节庆、生态园林等服务设施配套项目。二是农业旅游点建设所必需的基础性、公益性、卫生环保基础设施等硬件和软件设施建设。硬件设施包括建设与农业旅游点相配套的公共接待服务中心、特色农产品展示直销点、安全配套设施、门楼、停车场、标识指示牌、厕所、垃圾箱和污水处理系统；新能源利用（节能路灯和热水器，沼气等清洁能源），农业生态景观的环境改造（景观水系、观光步道、地形改造），采摘体验、农业旅游节庆相关配套设施等；软件设施包括农业旅游景点展示信息网络设施建设、农业旅游创意精品、农村民俗文化展示（展厅、展台、展柜）等。市级财政对符合扶持条件的项目原则上实行先建后补的补贴方式，补贴总额原则上不超过项目总投入（投资）的 30%，单个项目最高补贴额原则上不超过 100 万元（市财政整合资金项目除外），同一项目连续补贴原则上不超过 3 年（对一些在各区县起引领作用的项目继续给予扶持）。

2.3.2 生态保育功能

生态环境问题是工业化和城市化造成的重大社会问题之一，因人口和产业的聚集，城市生态环境非常脆弱，农业具有潜在的维护生态环境的功能，都市农业处于工业化和城市化的最前沿，环境维护功能要远高于农区农业。尽管种植业具有绿地或湿地的效果，但要发挥农业生态维护的功能，首先要避免农业对环境的破坏和污染。在这一前提下，农业积极的生态维护功能主要包括农作物的净化功能和碳汇功能，以及农业参与城市废弃物的循环。要避免农业对环境的破坏和污染需要从减少使用农用化学品和产出物循环再利用两个方面入手。环境维护功能在很大程度上无法依赖市场机制来实现，需要政策的规范、引导和支持。

作为人口聚集地，城市的生态环境非常脆弱，尽管种植业具有绿地或湿地的效果，但农业并不必然就具有生态维护公共功能，农业不适当的生产方式可能会造成环境污染。但毕竟是主要利用生物的生长机理获得产品的生产，农业还是具有生态维护的潜力。要发挥农业生态维护的功能，首先要避免农业对环境的破坏和污染。在这一前提下，农业的积极的生态维护功能主要包括农作物生长过程对环境的净化及农业参与城市废弃物的循环。要避免农业对环境的破坏和污染需要从减少使用农用化学品和产出物循环再利用两个方面入手，但减少使用农用化学品，可能导致短期产量减少；而产出物农业内部循环再利用需要技术，并可能导致成本升高。在农业的积极的生态维护功能中，农作物生长对环境的净化倒是不需要额外的干预，但参与城市废弃物循环再利用同样需要技术，并可能导致成本升高（见表2-1）。因此，都市农业要发挥城市生态维护功能，单靠市场机制是无法实现的，需政府的干预、规范和引导。

表2-1　农业生态维护功能与形成机制

<table>
<tr><th colspan="3">农业生态维护功能</th><th>形成机制</th></tr>
<tr><td rowspan="3">前提条件</td><td colspan="2">减少农用化学品的使用</td><td>政府规范</td></tr>
<tr><td rowspan="2">产出物农业内部循环再利用</td><td>单个经营主体内部</td><td>技术支撑、政府规范和引导</td></tr>
<tr><td>多个经营主体之间</td><td>技术支撑和政府引导</td></tr>
<tr><td rowspan="2">积极功能</td><td colspan="2">农作物生长对环境的净化</td><td>自然形成</td></tr>
<tr><td colspan="2">参与城市废弃物循环再利用</td><td>技术支撑、政府规范和引导</td></tr>
</table>

2.3.3　丰富生活功能

城市居民的日常工作和生活远离自然环境，都市农业可以为他们提供更多接触自然的机会，以丰富精神文化生活。收入水平的提高和城市生活的单调形成了城市居民对观光休闲农业的需求。开发都市农业丰富人们精神文化生活的功能关键在于如何超越传统的产品理念，充分挖掘农业生产过程能够愉悦精神、舒缓紧张的那些潜在因子。为此，一方面要充分挖掘那些以产品供给和生态维护为主要功能的都市农业的体验和观光功能；另一方面在资源条件允许的情况下，可以发展一定的不以农产品生产为主要目的的专门针对城市居民休闲需求的休闲农业。

案例：成都市休闲农业发展[6]

成都市被称为中国“农家乐”的发源地。1986 年全国第一家农家乐——“徐家大院”在成都市郫都区友爱乡农科村诞生，休闲农业此后逐渐成为成都市都市农业的一个亮点和特色。截至 2021 年，成都已累计创建中国美丽休闲乡村 12 个，启动川西林盘保护修复 795 个，建成水美乡村 258 个；2021 年，成都全市休闲农业营业收入和接待人次分别达到 392.18 亿元和 1.4 亿人次，近 4 年年均增长 20.53%和 650 万人次。

成都市致力于打造成为“乡村田园秀丽、民俗风情多姿、生态五彩斑斓、功能现代时尚”的世界休闲农业和乡村旅游目的地。目前正以提升观光度假体验为核心、以推动休闲创意农业为关键、以挖掘民俗文化为载体、以打造精品项目为抓手，推动都市休闲农业和乡村旅游发展由单一休闲向深度体验转变、由简单粗放向精细品质转变、由数量规模向质量效益转变，推动休闲农业和乡村旅游特色化、文创化、品牌化、连片化发展。

（1）产业空间布局。构建全市休闲农业和乡村旅游“四区十二线”的产业发展格局。第一，“四区”指以环城游憩带的生态资源为依托，构建以生态观光、郊野游憩为主要特色的近郊休闲集聚发展功能区；以大地景观和田园资源为依托，构建以民俗参与、田园休闲为主要特色的远郊综合发展功能区；以龙门山、龙泉山生态本底和资源特色为依托，构建以文化体验、康养度假、山水运动、自驾露营等为主题的龙门山优化发展功能区和龙泉山提升发展功能区。第二，“十二线”指按照“错位发展、突出特色”的原则，打造 12 条以农事体验、美食品鉴、民俗参与、田园文创、休闲养心、生态观光、运动康养、节会赛事、自驾露营、温泉度假、亲子研学、赏花踏青等为主题的乡村旅游线路，形成跨区域、连片互动发展的休闲农业和乡村旅游产业体系。

（2）产业发展引导。①通过鼓励农村土地依法流转，实现休闲农业与乡村旅游产业规模化、集聚化、集约化、集群化发展。②充分利用农村废弃建设用地、闲置农舍，兴办乡村旅游连锁酒店。③结合扶贫开发、新村建设等工程，探索点状用地、产业融合、集体建设用地入股、流转等方式，保障乡村旅游景区、度假区等旅游设施用地。④采用盘活农村存量闲置建设用地或通过土地整理调整使用存量建设用地，城乡增减挂钩的农村土地整理项目预留不低于 5％的建设用地指标，调整使用的建设用地和节余的建设用地指标在符合土地利用总体规划的区域安排使用，发展乡村旅游。⑤落实市政府办公厅关于打造赏花基地、推动赏花旅游、发展赏花经济相关扶持政策。

2.4　带动大农区功能

都市农业在利用人才、技术和资本等城市先进要素和优势资源具有显著的区位优势，同时大量原有农业劳动力转移到城市非农产业，这为都市农业率先实现现代化提供条件。这也要求都市农业在整个国家的农业现代化中发挥更大的作用，即发挥对农区农业现代化辐射和带动作用。都市农业对农区农业现代化的带动主要包括产业带动和技术带动（见表 2－2）。一般来讲，产业带动符合双方利益，都市农业经营者有积极性，市场会自发地形成产业带动，但需要考虑产业链各环节的交易成本问题。而对于技术带动中的技术研发和示范，市场主体很难自发地完成这些事项，这主要是因为技术的研发存在周期长、风险大、知识产权难以控制等问题。

表 2-2 农业现代化带动功能与形成机制

农业现代化带动功能		形成机制
产业带动	加工、销售带动	市场自发形成、政府引导
技术带动	技术研发	政府支持
	技术示范与推广	政府支持
	技术产品销售	市场自发形成

因此，都市农业要发挥对农区农业现代化的辐射带动，单靠市场机制是无法实现的，需政府的支持和引导。

都市农业不仅更容易获得资本和先进技术，且技术的现代化程度高于农区农业，而且因地处城市化水平高的社会经济结构中，其生产经营组织的现代化程度也要高于农区农业，这些作为农业现代化的基本要素，都市农业都是走在全国农业的前列，从而对农区农业的示范、辐射和带动功能是都市农业的重要历史使命，这也符合农业现代化的扩散和演进规律。

(1) 聚集先进要素，担当现代化农业示范。工业化不仅形成了大量的资本积累，也培育了人才、管理和技术等先进生产要素。一方面激烈的市场竞争造成了工业领域资本和先进要素的过剩；另一方面传统农业劳动力退出农业为资本和先进要素进入农业提供了广阔的空间。区位优势使都市农业首先获得资本和先进生产要素的青睐，资本和先进要素的进入大幅度提升了都市农业的现代化水平，先进的技术和优秀的管理通过示范将逐步扩展到农区农业。

(2) 深耕城市市场，担当产业化带动龙头。都市农业经营者长期深耕城市市场，市场网络相对成熟。随着城市化的推进，城市规模不断扩张，一方面城市的农产品需求规模不断扩大，另一方面都市农业生产的成本不断提高，都市农业经营能够利用自身的市场、技术和资本优势将产业前端延伸到普通农区，从而形成对农区农业的带动。

(3) 面对城市影响,形成多功能开发样板。农业的多功能开发既有满足城市化带来的生态维护和休闲观光等多元需求的因素,也有因生产成本上升需要提高农业综合效益的原因。都市农业紧靠大都市,最需要也最有条件进行多功能开发。随着工业化和城市化的推进,农业对促进国民经济增长的功能逐步下降,农业整体会向多功能开发转型,都市农业的成功转型将为农区农业的转型提供样板。

(4) 率先城乡一体,充当农村改革先行者。城市化是整个社会经济结构发生根本性转变的过程,这一转变过程涉及各种复杂利益关系间的矛盾和相关问题,需要通过一系列的改革,化解矛盾,理顺关系,推进社会组织重建和利益关系重构。大城市郊区处在城市化的前沿,将首先面对城乡一体化带来的各种复杂问题和矛盾,必须当好改革的先行者。

案例:深圳都市农业

深圳是我国内地第一个没有农村建制,没有农业人口的城市,但这并不意味着深圳没有农业。深圳市耕地面积在1994年就已经降到约6万亩,此后只是微小的变化,一直到今天,根据规划,这个面积将一直保持下去。为破解农业资源少与保障农产品供应安全这一难题,深圳市一方面充分利用宝贵的农业资源,把农业发展目标定位在建设亚太地区具有重要影响的生物育种创新基地和总部集聚区,抢占农业生物育种制高点;另一方面实施"走出去"战略,鼓励引导企业在异地建立供应深圳市场为主的农业生产基地,保障市民吃上有安全保障的农产品。

1. 深圳农业发展的卓越成效

(1) 成功建设了以生物育种为特色的国家级农业科技园区。深圳市国家农业科技园区由科技部于2010年12月批准建设,园区充分利用深圳优惠政策及科技、市场和人才等优势,重点发展现代农业生物育种产业。目前园区

10 个现代农业生物育种创新基地已聚集了 10 个国内外知名的生物育种创新团队，入驻 44 家生物育种企业，年度总产值达 56 亿元，核心区土地产出率达到 32.6 万元/亩，接近深圳市的土地产出率 38.5 万元/亩。

(2) 培育和成长了一批国内一流的涉农企业。成立于 1998 年的创世纪种业有限公司主要从事植物功能基因研究，棉花、油菜、水稻、小麦新品种的选育、生产、销售及技术服务等业务，该企业拥有我国唯一大规模产业化的转基因农作物(抗虫棉)的核心技术专利，企业在国内棉种市场的占有率多年来稳居第一。成立于 2007 年的深圳华大基因研究院建立了全球最大的作物基因组测序和分析平台，组织完成了谷子、棉花等 130 多种动植物的基因测序，成功构建了全基因组分子育种技术平台。成立于 1989 年的深圳市农产品股份有限公司，是一家以投资、开发、建设、经营和管理农产品批发市场为核心业务的企业，该企业在深圳、北京、上海(上农批)、天津、成都等 20 余个大中城市经营管理超过 40 家综合批发市场和网上交易市场，旗下批发市场农副产品年度交易额约占全国规模以上批发市场交易总额的 10%。目前，深圳全市有市级以上农业龙头企业 61 家，其中国家级 7 家、省级 27 家。2014 年深圳农业企业生产经营产值总额达到 1 675 亿元，约占深圳国内生产总值(GDP)的 10%。

(3) 创造和研发出了国际一流的科技成果。中国农业科学院深圳生物育种创新研究院利用回交导入分子育种新方法育成杂交稻组合 166 个、常规稻品种 59 个，在非洲 8 个、亚洲 7 个目标国家进行了适应性和产量比较试验，比当地品种增产 20%以上的杂交稻组合有 110 个，常规品种有 59 个，在国际上产生了极大的影响；创世纪种业有限公司的转基因抗虫棉已推广至全国主产棉区，以及印度、巴基斯坦、缅甸、越南等邻近国家，目前国内 95%以上的抗虫棉都采用了该专利技术，打破了美国孟山都公司转基因抗虫棉技术在我国早期的技术垄断格局，自 2000 年以来，全国棉区使用该专利技术种植的面积累计 3 亿亩，创造社会效益达 600 多亿元。热带亚热带作物分子设计育种研究院建立了以智能不育杂交育种技术为核心的育种技术体系，实现了育种技术创新，巧妙地将抗逆性、品质、产量等优良性状进行整合，已研制出抗除草剂的非转基因水稻新品种。冯树英创新团队发明的 F 型三系杂交小麦技术经农业部植物新品种保护办公室认定属于国家重大技术，利用“F 型小麦不育系”培育出的杂交小麦品种，比目前全国最高产、推广面积最大的山东小麦新品种“济麦 22”增产 12％。

2. 深圳农业发展的重要经验

(1) 将主要资源放在农业产业的关键环节。面对极其有限的耕地资源，深圳市确立了“两头在手、中间在外”的战略，整合有限的耕地资源，将研发、中试、市场等留在深圳，把育种基地、推广等放在外地，通过总部经济模式，面向全国并辐射周边国家进行技术输出，促进深圳农业高新技术产业发展。深圳市级财政投入 10.65 亿元用于基本农田建设和改造并优先配置给农业高科技企业发展现代种业。

(2) 培育和引进创新团队和高层次专业人才。深圳充分利用“孔雀计划”、高层次专业人才“1＋6”政策、科技创新“1＋10”政策、“人才安居”工程等一系列政策措施，已培育引进 10 个国内外知名的拥有生物育种核心技术和自主知识产权的生物育种创新团队。市政府设立现代农业生物产业推广专项，保证每年稳定的财政投入，近 3 年各级财政资金及企业科技研发投入已达 13.4 亿元，其中政府资助 6.8 亿元，较大的资助包括资助华大基因农业平台 3 亿元、资助中国农业科学院深圳生物育种创新研究院 2.5 亿元。

(3) 打造创新生态、建立创新载体。重点建设以技术公共服务平台为核心的创新生态，以及以科技研发平台为核心的创新载体。深圳已建设了分子设计育种、杂交水稻育种、航天育种、种质资源基因测序等 4 大技术创新公共服务平台。目前，深圳拥有世界最大基因组测序与分析中心，基因技术研究水平已跻身世界前列。在良好创新生态的吸引下，目前深圳国家农业科技园区已入驻重点实验室、企业技术中心等科技研发平台34个，其中国家级的2个，省部级的6个。

思考题

1. 简述都市农业的多元功能及其相互关系。
2. 简述我国都市农业发展阶段的功能演变。
3. 思考都市农业服务都市与带动大农区之间的关系。

参考文献

[1] 姬亚岚.多功能农业的产生背景、研究概况与借鉴意义[J].经济社会体制比较，2009(4)：157-160.

[2] 周镕基，乌东峰.我国现代多功能农业价值的文献综述[J].衡阳师范学院学报，2010(8)：44-47.

[3] 乌东峰，谷中原.论现代多功能农业[J].求索，2008(2)：1-6.

[4] 陈秋珍，Sumelius J.国内外农业多功能性研究文献综述[J].中国农村观察，2007(3)：71-79，81.

[5] 祖田修.农学原论[M].北京：中国人民大学出版社，2003.

[6] 成都市人民政府.成都市产业发展白皮书[R].2017.

第 3 章　都市农业空间论

从空间角度了解事物是人类认识世界的基本方法之一，表现为对对象和场所定位等的直观感受，其原因可归结为人的活动本身就具有空间性。农业作为人类最古老的产业，从空间维度认识与控制贯穿着农业的发展历程，也伴随着人类社会的进步。例如中国先秦时期的井田制："古者三百步为里，名曰井田。井田者，九百亩，公田居一。"(《谷梁传·宣公十五年》)。再如尼罗河定期泛滥后对两岸沃土的重新测量，促进最早的农耕文化与几何学的发展，是古埃及文明的重要组成部分。

都市农业处在都市及其延伸地区，对空间的认识主要围绕特定地域范围内农业经济活动的组织及其形式在地理空间中的投影[1]。都市农业所在区域的自然、经济、社会环境的复杂性和紧张程度远超其他地区，内外因素的影响交织导致都市农业结构、功能、格局演变速度也是其他农区所难以比拟的，对都市农业空间研究的重要性和紧迫性较以往更为突出。

都市农业特殊的区位与经济属性，导致都市农业景观逐渐超出了传统的农学和经济学范畴，对其空间研究必然涉及地理学、区域学、景观生态学、规划学、政策学等多学科的知识和理论。本章共分 6 节，各节主要内容如下。

3.1 节在都市农业四维理论框架下确定空间维度内涵，辨析其与相关维度的内在关联。

空间分析作为都市农业研究的全新视角，明确其基础分析单元与基本运行规律，是进行相关研究的基石，因此 3.2、3.3 两节结合相关学科基础，分别对都市农业空间的构成元素和形成机制进行介绍，从理论角度梳理影响都市农业空间的基本规律，有地理学或相关学科背景的读者可跳过此两节。在此基础上，3.4 节对都市农区概念与判定、范围，以及当前我国都市农区所处的社会经济发展总体特征进行了分析。

3.5 节分别从生产力布局和空间形态角度，探索都市农区的内部结构，从圈层式的功能与产业部门结构进而推导都市农业综合空间构架。

最后，3.6 节对都市农业的几类典型业态模式及其布局进行了探讨。

3.1 四维框架下的空间研究

3.1.1 空间与相关维度的内在联系

功能维度是都市农业四维理论框架的先导性要素，发挥对其他 3 个维度的控制作用。空间维度与结构维度则分别从形态与逻辑两方面，组织相关要素并构造在特定时空维度上相对稳定的体系，满足城市对都市农业的功能需求。具体而言，空间维度侧重研究各产业部门及相关构成要素在地理位置上的位置、距离、方位、尺度、形状等空间“形态”；结构维度侧重研究生产组织的要素配置以及各产业部门在数量、比例和相互关系的“系统”联系，二者之间存在着密切联系。

一方面，农业以土地为主要生产对象，产业发展的各种资源条件、各产业部门的数量与比例关系——资源占有与经济产出等，都会投射在具体的地理空间中，空间比例与结构比例存在较强的对应关系。农业产业部门的内在联系往往决定了彼此间的地理关系，如邻近或隔离、集聚或分散等。以种养结合生态农业模式为例，对于种植业品种与区域范围、畜禽养殖场规模与选址，需从碳氮循环角度考虑农业废弃物消纳及相关要素的匹配关系，同时还需考虑劳作与运输半径等特殊需求。从这个意义上看，可以将空间结构视为产业结构的函数。在都市农业区域内，产业空间结构、形态格局，同样受产业结构的指导。

都市农业作为特殊的农业区域，其发展除了受常规自然资源的影响，还受到复杂的社会经济条件，如功能需求变化、空间资源争夺等影响，这些影响对都市农业的约束或激励作用往往处于主导地位。在特定条件下，都市农业空间格局反而较早承接外在环境的干扰，进而影响产业结构。例如在快速土地城市化背景下，城市中近郊建设用地拓展蚕食农业发展空间，格局变迁再逐渐带来产业各类结构的变化。

3.1.2　空间维度的独特内涵

在产业分析中，结构维度重在"定性""定量"，而空间维度则主要"定位（置）""定形（态）"。农区范围内土地的地形、地貌、水文、肥力、污染及土地利用方式等均具有空间特性，空间维度蕴含了结构维度不可替代的部分内容。产业空间分析，尤其是在现代地理科学分析工具的辅助下，空间信息往往超越了以文字与公式描述为主的产业结构内容，决定了产业空间格局在现代农业发展研究与规划中的价值和作用。此外，农业空间格局关联对象并不局限于狭义的产业体系，生产体系、经营体系等也蕴含着空间信息，如农业基础设施与专业化社会服务设施布局，现代农业园区的核心区、示范区、辐射区的圈层式空间关系等。

3.1.3　案例分析

本节分析了21世纪后，欧盟共同农业政策（the common agricultural policy, CAP）"脱钩支付"对荷兰及绿心地区农业结构与空间格局演变的影响[2]。

荷兰作为农业发达国家之一，是世界重要的农产品净出口大国，多项农产品产量位居世界前列。在其国土中西部，由阿姆斯特丹、鹿特丹、海牙等3座50万～100万人口大城市，乌得勒支、哈勒姆和莱登等3座10万～30万人口中等城市，及众多小城镇围绕中部“绿心”组合而成的兰斯塔德，是世界范围内所仅见的由城市群环绕绿色开放空间的城市集聚区，早在20世纪60年代，就被专业学者认为是具有世界重要影响力的七大世界级大城市之一[3]。绿心作为荷兰重要的开放空间体系单元与农业功能组团之一，属低地沼泽地区，面积约400千米^2，平均半径小于30千米，与周边城市通过发达的交通网络连为一体，具有典型的都市农区特征。区内农业以乳业、耕地作物及蔬菜生产等为代表。

欧盟CAP对各成员国农业发展导向发挥重要的指挥棒作用。为应对欧盟东扩、世界贸易组织(WTO)及贸易自由化挑战，2003年CAP提出与生产和价格“脱钩”的“单一农场补贴”，以代替1992年的直接补贴生产者政策，实现农业补贴由“黄箱”到“绿箱”的转变。受此影响，荷兰于2005实施新的农业补贴政策，在逐步提高农业补贴总体水平的基础上，将对种植业、养殖业及乳制品加工直接支付补贴逐步转为脱钩支付补贴，补贴金额与比例不断提升(见图3-1)。研究分别考察了2001—2015年荷兰特别是绿心地区的主要农产品产量、生产规模、单产水平、农场与农业从业人员数量等数据，以及2000—2012年农业用地面积、比例与景观格局变迁，以分析脱钩支付政策对绿心农业结构进而对空间格局所造成的长期影响。

研究显示，自脱钩支付政策实施后，荷兰全国及绿心地区农业产业结构与经营结构的极化现象进一步加剧。全国农业部门出现明显分化：乳业、园艺蔬菜、青贮玉米、小麦等优势农产品生产通过提升生产效率，以技术进步提高单产水平，克服生产规模及配额限制，进一步增强了其在国际市场的竞争

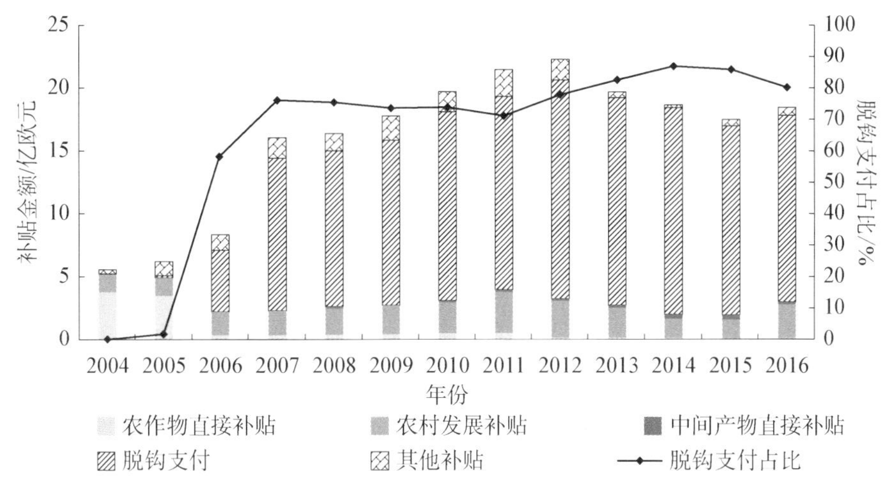

图3-1 2004—2016年荷兰农业补贴总量及构成变化[4]

力，表现出对政策的适应性；一些非优势产业则在生产规模和单产水平上表现出收缩特征。反映在农业经营单位数量及雇工构成变化上，全国及绿心地区农场及劳动力数量逐渐减少，与脱钩支付占比呈强负相关关系，而临时劳动力数及占比则呈强正相关特征，土地产出率及劳动生产率均有所提高。

空间格局变化：由于在荷兰核心城市群范围内，21世纪以来绿心地区农业用地面积快速下降，主要转化为建设用地，但同时森林等生态空间占比也有所上升，反映出脱钩支付政策对优化农业生态的导向作用明显。荷兰各主要农区的主导产业优势地位进一步得到加强：农业经营者选择与所在区域主导产业趋同策略，以匹配本农区自然资源条件与农业生产性服务业供给，从而提升了全国农业规模化集约化水平；其中绿心农业用地以牧草地占主导，在脱钩支付政策引导下，其优势地位（面积比）得到加强，但也不可避免地带来区域景观异质性下降，用地丰富程度和景观多样性有所降低。

对荷兰及绿心地区的研究表明，面对政策、需求等外部条件变化的冲击，市场主体通过调整产业结构、推进技术进步、改变经营方式等进行应对，以促进农业各类结构优化与效率提升，实现新的平衡，并最终影响到农业空间格局。从外部环境到产业结构，再到产业空间，呈现出清晰的作用机制与过程。

3.2 都市农业空间的构成元素

农业作为国民经济基础部门之一，以农业生产和农村居民生活为主体，其空间涵盖了承担农产品生产和农村生活功能的国土空间[5]。都市农业作为农业的高级发展阶段，在都市及其延伸地区形成了城市区位中农业用地的集聚。

从空间角度深入认识都市农业这一复杂的经济社会活动，如空间结构、动力机制、演变规律等，均建立在科学描述各项具体活动所占据的空间位置、大小、形状、距离等基础上，并还原到空间形态的几类基本类型：即节点、线路、网络和域面。各空间元素具有不同的特质和经济意义，依据内在经济技术联系和空间位置关系，组合在一起形成具有经济、社会、生态等功能的都市农业空间结构。

3.2.1 都市农业节点

节点是由经济活动的内聚力极化而成的中心，是最基本的区域空间构成元素，一般是经济活动的重要场所和重心。对节点的研究重点关注于其区位、规模等属性特征，重视其与外部的连接关系，而忽视其内部结构。节点的明确地理位置即绝对区位。随着经济社会发展、科技进步、交通运输条件改善、区域空间范围变化等影响，节点的相对区位随之发生变化，在空间上呈现集聚、随机和均匀等多种形态的分布格局，并成为节点研究的重点。点状经济活动在地理空间上的集聚规模有大小之分，一般取决于其可能控制的腹地范围大小；同时，各种规模不等的节点通过从属关系、互补关系、依附关系、松散关系和排斥关系[6]相互连接，形成点的等级体系。节点要素的规模属性具有极化与扩散功能，可认为是空间演进的根本力量。在极化效应作用下，区域空间首先表现为节点的集聚，即一些特殊节点的经济规模和发展潜力优于其他，从而具有“增长极”地位；随着集聚达到一定规模，扩散效应逐渐显著，上述特殊节点逐渐成为区域经济中心。

都市农业区域内的各类各级居民点、畜禽养殖场、休闲农业景点，以及在生产活动中发挥生产性服务的农机站、农资配送中心、农产品仓储销售点、初级农产品加工点等均可视为在规模连片的农田、森林等区域（或基底）中不同种类和性质的“节点”。这些“节点”的绝对区位明确，在一定时间段内，它们的相对区位则受城市发展、城市化进程、经济结构调整等影响而出现变迁，如远郊农业生产“节点”可能随着城市扩张变为近郊“节点”。此外在都市农业节点的研究中，还应考虑所研究区域的“幅度”。例如在城市群都市农业的大尺度视野中，中小型域面活动会“收缩”为节点，次要节点则会移出研究对象；而在都市农业特定区域内的详细研究中，则有必要将一些较大规模的节点放大为域面，即根据具体的研究尺度确定都市农业“节点”。

3.2.2 都市农业线路

区域地理空间上呈线状分布的经济活动构成线路，如交通线、通信线、能源线等基础设施，线状分布的城镇、农业景观等。线路是将节点和网络联系在一起的重要通道，在功能上将具有互补性的活动通过相互连接，互为补充，不能脱离节点而单独存在，是空间经济活动横向拓宽的先决条件[7]，具有等级、功能等属性特征，如线路等级高低影响着要素流动性和连通度。对线路的描述包括起讫点、长度和方向，并依据组成要素、数量、质量及重要性等分为不同等级。基于景观生态学的“斑块-廊道-基质”的格局模式，景观廊道除了具有连通大型斑块、起传输通道的作用，也可能发挥隔离、过滤和阻抑作用，如高速公路、铁路对人类和生物的迁移形成阻碍。重要节点与线路的组合可完成一些重要的经济活动，形成区域的经济枢纽系统，如公路、铁路与相关站点构成交通枢纽系统。

农业区域内的线路往往以农业生产直接对象以外的要素为载体，如连接不同农业区域、节点的交通线等。作为现代农业发展的高级阶段，都市农业的投入品、产成品、休闲农业游客等要素的流动远超传统农业，对交通线、通信线等线路的依赖程度更高，进而促成线路交会的重要节点的集聚和扩散作用的发挥，带来农业区域景观格局的差异和变迁。另一方面，由于城市建设用地拓展往往沿主要交通廊道蔓延，所形成的“星状结构”“指状结构”对沿线都市农业功能提出了特殊要求，并发挥一定的抑制作用。如道路或高压走廊沿线的林地、农田往往作为生态廊道的一部分，但线状的建设用地同时又隔离了两翼农业区域。按“点-轴”开发理论，城市郊区不同等级线路附着的各类农业作业点，以及仓储、物流、加工、服务乃至休闲节点，造成小区域资源配置、要素流动和生产区位的差异，最终形成都市农业不同区域功能与景观的异质化。

3.2.3 都市农业网络

多个节点和线路连接构成的网络，提高了相关要素的连通性，从而可完成单个要素不能完成的功能。网络各组成要素的相互位置关系和连通性的强弱，构成评价网络发达程度的标准，网络研究可进行等级划分，但并不强调其必须有明确的中心[8]。网络根据其组成要素，可分为由单一性质点、线要素构成的单一性网络，如交通网络、能源供给网络；以及由不同性质的点、线构成的综合性网络。基于景观生态学原理，网络可视为由节点和廊道相互交叉连接，各要素之间借助网络进行能量流、物质流和信息流的交换，是在开放空间内利用各种线性廊道将景观中的斑块资源进行有机连接，以维持其生态、社会、经济、文化、审美等多种功能的网络体系[9]。

都市农业中的生产性、服务性等节点通过道路、河道、林带联结构成交通网、水网与林网，进行资源、能源、信息等交换；不同区域的自然、人文条件以及都市农业类型和功能的差异，使得都市农业网络呈现复杂性的特点。相比于传统农区，都市农业区域的农田基础设施完备，往往形成“田成方、林成网、路相通、渠相连”的农业区域景观。不同区域都市农业以综合性网络形成的景观格局迥异：如长江中下游地区，水系发达、河网密布，形成了典型的江南水乡农区景观特征；山区或丘陵地区，蜿蜒曲折的各级公路将不同规模、高程、形态的梯田连接，呈现机理复杂的梯田农业景观。城市近中远郊区受地理区位、自然环境、产业类型、设施水平差异的影响，农业网络的可达性、连通性与服务性呈现明显的圈层式差别。以休闲农业为例，一些自然景观丰度高、交通网络发达、区位相对较好的区域的经营性休闲农业景点密集，形成集聚区。

3.2.4　都市农业域面

区域经济活动在地理空间上呈现出的面状分布形态，是内部具有同质性而在空间上四面延展的地物，是节点、线路和网络赖以存在的空间基础[7]，也是承载上述 3 个要素功能的载体，如城市经济辐射力形成的功能区域、各种市场形成的市场范围等。根据资源与功能需求，域面可划分为不同类型，各具体域面皆有特定的空间范围以及由此形成的空间形态。域面及节点的概念具有结构层次的相对性，即特定域面在更大范围、更高层次的经济空间中，可被视为一个节点；同时对特定节点的深入分析，可将其视为更低层次上的域面，从而在其内部进行进一步的节点、线路、网络及结构的划分。

农业以土地为基本生产资料，域面划分是产业发展基础性工作，小至具体地块的作物品种生产布局，大至国家农业区划分，均属于农业域面划分范畴。在城市整体尺度上，都市农业构成现代城市的基本功能之一[10]，在市域范围内划定都市农业域面即“都市农区”，并展开进一步内部功能与形态布局划分，是相关工作的基础。城市郊区复杂多变的社会经济条件与用地条件，使得都市农业域面类型远比传统农业区域更为多样，格局特征更趋复杂。从时间纵向角度看，随着城市化进程加速和城市区域拓展、都市圈和城市群等城市体系的发展，都市农业域面的类型、范围、格局等也随之发生相应改变。

综合以上分析，可见由节点、线路、网络和域面 4 个要素通过不同的组合、联系、相互作用共同构成都市农业空间，而要素组合方式和作用力的差异可形成不同类型的空间结构，如圈层、多中心、网络化等。都市农业的空间结构因所在城市或区域资源条件、发展基础、优势和方向不同而有所差异；同样，都市农业空间结构的动态变化也对城市经济社会发展和城市整体空间结构产生相应影响。

3.3 都市农业空间的形成机制

都市农业空间并非上述各构成元素的简单叠加，空间结构形成及其演化，是内外作用力之下的空间与功能耦合，从而构成了都市农业与城市，以及农业内部各产业部门之间的动态变化的空间格局。

影响都市农业空间布局的主要因素，可归结为自然条件、科学技术、社会需求、市场与行政力量等，而这些因素则以特定的空间相互作用为媒介，最终影响到空间及与之相关的活动，其中，既有相互协同和互补的一面，又有相互竞争与排斥的一面，并最终实现动态平衡。

3.3.1 主要影响因素

1. 自然条件

农业布局是农业生产各门类按照一定的安排、部署而形成的空间分布。

农业是人们利用土地自然生产力栽培植物或饲养动物获得产品的产业，是自然再生产和经济再生产相互作用的结果。生产过程首先受到自然条件的约束和影响，形成农业生产对自然条件和环境的依赖性，决定了农业适宜性、季节性和周期性等特征；资源生态环境类型多样、资源组合差异大，对农业经济活动产生有利或不利影响，从而形成各异的农业空间格局。

不同农作物对自然条件的适宜性，一定程度上决定了农业生产的区位选择，如水稻、小麦、玉米等粮食作物种植的南北方布局；园艺、油料、纤维、糖料等经济作物对水热、光照等自然条件的特殊要求，需要适地适种；畜种生理生态习性差异，适应自然条件的能力和特点不同，也形成畜牧业的各区域不同特色。在宏观尺度上，农业布局的地区差异显著，具有明显的地带性和区域性。就各区域、城市内部而言，又因局部不同的自然环境，产生多元生产结构的布局。

都市农业依托城市而发展，城市及其所在区域的自然条件对农业生产的影响显著，尤其是城市经济社会活动对农业生态环境的改变，较其他农业区域更为直接。如城市建设用地的扩展，工业生产、生活用水对农业生产用水的挤占，水、土、气等资源污染造成的自然资源结构性短缺，迫使农业产业结构随资源禀赋的变化而进行调整，农业空间布局随之改变，原来因自然资源条件优越发展起来的农业生产“节点”可能消失或发生位置变化，原有的“网络”也被打破，形成新的“网络”，甚至“域面”大小也呈现萎缩的趋势，导致都市农业空间要素重组。

2. 科学技术

现代农业发展受人类经济社会活动的影响深刻，不仅会改变动植物本身，而且会调节或改变生物所依赖的自然条件，促使生物的再生产过程遵循人类要求进行，尤其是科技进步，已经成为农业发展的原动力。现代城市发展需要都市农业提供生产、生活、生态的保障，需要依靠科学技术合理配置资源，提升农业的比较效益和服务城市的能力。同时，都市农业邻近城市，更易获得先进的农业科技资源，依靠科技进步促进农业发展的优越性明显。

在农业生产领域，利用生物组学、基因编辑技术、合成生物学、新型栽培技术等手段，可培育名特优新品种，突破了自然条件、育种周期长等约束，推动了品种更新换代，加快了畜禽遗传改良进程，使动植物品种具有更好的抗性和适应性，拓宽了农作物种植或畜禽养殖的区位选择可能性。生产设施及智慧农机管理和决策支持体系，实现了从“设施化”“机械化”到“智能化”“无人化”的农业革命，改变了传统农业生产的季节性和周期性，农业生产受自然条件的约束大大减少，也为“垂直农场”等都市农业结合建筑空间的发展模式提供了可能。中低产田土壤改良、土壤地力培育、污染耕地治理修复的土壤改良、化肥减量化施用等技术为生产提供了根本保障，能够改变自然条件主导下的农业布局形态。绿色冷链物流、低碳加工、智能制造等共性关键技术与装备改变了农产品供应半径。

交通运输技术和条件的改善，增强了农业区域内、区域间的联系，线路密度提升，增加了网络空间的复杂性和活力，改变了“节点”的相对位置，原来不在交通线上的节点因交通线等基础设施的连通可能变为“网络”的节点，也会沿交通线进行集聚与扩散，给“节点”的区位选择带来更多可能性。但城市间的高速公路、高速铁路等高密度的交通线也对农业域面进行了不同程度的“切割”，占用农业用地，造成农业用地的破碎和“插花”分布，不利于集约规模生产，也不利于资源的高效利用，农业景观呈现破碎化趋势。

3. 市场与行政力

影响农业布局的人文条件中，市场很大程度上决定农业的类型和规模，行政力往往更主动和直接地导致农业生产、经营等经济活动的调整，干预作用更显著。

都市农业地处大城市郊区，受到市场需求与结构的强烈影响。经营都市农业节约了农产品上市周期及费用，更快、更直接地获取市场信息，可及时调整生产结构[11]。随着城市居民消费习惯与需求结构的升级，要求农产品或食品高质优化，对其休闲、文化、生态等功能需求日益强烈。需求市场的变化与升级，促使农业生产上中下游结构和经营模式等发生转变，进而带来农业空间格局与景观的变化。因此，消费市场的成熟度在很大程度上决定了以生鲜品生产和农业旅游为主的消费型产业结构及空间要素的流动活力。因此，培育稳健的市场运行机制，促使生产、经营、流通、消费环节有机结合并适应都市农业发展要求尤为重要。

行政力是政府通过资金投入、产业布局、工程项目等方式对区域的生产要素、地域组合及其运行进行有效配置[12]，政府通过其控制的农业资源对农业空间结构进行直接干预[13]。行政因素对空间的影响体现在推动与阻碍两方面。一方面，行政力量的介入有利于加速资源要素的流动[14]；另一方面，行政上的分割又可能阻碍资源要素在区域间自由流动。都市农业所依托的城市的发展定位、规划及区域发展政策等均会对其产生影响，在供给侧结构性改革实施过程中，为满足城市的要求，需要重组生产要素的结构，如粮食安全、生鲜农产品供应、生态环境和文化等方面的需求，最终通过规划等工具，实现市域空间布局结构的优化与土地资源的有效配置。

值得注意的是，我国都市农业所依托的大中城市一般均有较强的行政干预能力，通过强大的资源调配与财政能力，往往出现行政力大于市场力的局面。有时引发政府干预与市场投资、经营主体目标不一致的问题，如项目实施变数大、稳定性差等问题，可能导致要素的浪费[15]。此外，都市农业发展尚不成熟，其发展用地常缺乏科学安排，土地资源的不合理配置导致城市空间资源配置低效、过度关注直接经济效益、环境保护考虑不足、生态景观遭到破坏、都市农业后续发展空间严重不足等问题[16]，给都市农业的可持续发展带来困难。

综上，经济与科学技术的飞速发展，使得都市农业布局受社会性因素的影响越来越明显。在城市和区域的可持续发展过程中，都市农业的多元功能的重要性不言而喻，在多种影响因素干扰下，都市农业的发展空间面临挑战。为有效化解可能的矛盾，迫切需要科学认识影响农业布局的各种因素及其作用性质，遵循空间形成与演化的客观规律，积极引导空间结构要素的高效组合，合理梳理都市农业的发展空间及其内部结构。

3.3.2 空间作用机制

1. 空间互补

20 世纪 50 年代，美国地理学家乌尔曼(E. L. Ullman)系统阐述了决定空间相互作用的基本要素，包括可转移性、互补性和中介机会[17]。

如一地某种可转移性资源有富余，而另一地对该资源恰有需求，将有可能实现两地间合作，建立经济联系。可转移性资源及其供需关系推动了区域空间格局的动态变化。这种空间互补性构成了空间相互作用的基础，其大小与互补性成正比。空间要素的互补性促进了区域的活力，区域内各物质或非物质要素的动态关系表现出的“流”成为空间结构形成或重组的因素[18]，流量大小衡量了区域活性高低。空间结构中的点、线要素组合与频繁相互作用，促进了网络、域面的变化。农业经济活动中，空间要素或资源条件的互补造成了农业发展的相互依赖性：农业生产组织中供需关系越旺盛，农业区域空间要素的互补作用就越强，同时农业生产活力和水平就越高。

都市农业的特殊区位决定了其空间互补性，首先表现为农业与城市之间的互补关系，其次为行业内部各产业和环节的相互作用。在现代社会分工日益细化和专业化的背景下，城市作为农产品消费地，农业与城市各类经济活动联系密切、相互依赖、形式多元，共同构成了区域经济体系。城市居民对农产品有新鲜度、便捷性等要求，故农产品供应要实现短程供应、团膳配送、社区支持农业等形式，农业供给“节点”与城市需求“节点”相结合，依托城市便捷的交通“线路”，实现空间的互补性和可转移性，形成稳定的农产品供需“网络”。另一方面，都市农业多元功能的拓展，使农业生产功能中衍生出生态、景观、文化、休闲等功能，而这也是现代大都市所稀缺和需求强烈的功能。农业休闲与生态“节点”与城市空间的邻近性，以及发达的交通“线路”，相比其他农区，其与城市需求“节点”的互补性更强，形成的“网络”更密集，服务城市的功能更显著。

就都市农业内部而言，产业结构与产业链条各环节间也存在资源或要素的互补，加强了“节点”的联系。生产前、中、后各环节相互关联，生产、加工、销售等环节“节点”在资源、信息等方面的相互依赖，为产业链的完善提供了条件，促进了各产业协同发展。同类“节点”还可以共享设施或服务，实现集约生产或经营，产生规模效益；不同类“节点”的产业通过耦合产生新的生产和经营模式，如将种植业“节点”与养殖业“节点”有机结合的种养结合模式，使农业内部资源及废弃物得到循环利用，维护了城市生态健康发展。

都市农业域面（区域）也正是在上述互补机制作用下逐步形成并动态演化，进而影响农业景观格局的。一些具有资源优势的“节点”通过集聚作用不断提升规模，生产专业化特点明显，起到了“增长极”的作用，并向外辐射扩散，形成新的“节点”。例如，枢纽型的农业旅游景点带动周边乡村旅游景点、接待设施的发展，形成休闲农业集聚区；各类农业园区（基地）集聚优势资源，示范带动周边乃至区域农业整体发展，形成“以点带面”的发展格局。或者在都市农业区域内部，通过不同“节点”的优化配置，形成合理的空间结构，如规模化种植区域内科学配置养殖业，构建碳氮循环的生态模式，减少农用化学品投入的同时促进农业增效，形成“以面带点”的发展格局。

通过“节点”等要素互补产生的集聚-扩散效应，打破了原有静态的空间结构，在都市农业发展中应把握上述特征，积极完善互补机制，形成空间要素配置科学、结构合理的都市农业空间结构。

2. 空间竞争

区域内多种功能活动对同一空间,或者同一种活动的各种功能之间对资源的排他性占有,均可能造成空间的竞争性关系。特定区域空间的各类资源在一定时期内是有限的,同属该区域的各种经济活动势必发生激烈的竞争,包括同类经济活动规模扩大对前端资源与后端市场等要素的全面影响,以及不同类经济活动对能源、劳动力、资金、基础服务设施、土地等一般性资源和要素的竞争。空间竞争造成区域空间结构和景观格局在特定时段相对平衡以及长期的逐渐演进。

都市农业面临的空间竞争主要有 3 种类型:与非农产业的空间竞争、农业内部产业部门之间的竞争、农业多元功能之间的竞争。首先,大城市的经济活力来源于资源的集聚和再分配方面的超强能力,同时城市地区土地极度稀缺,土地成本不断推高,推动城市发展附加值高的经济活动,在此背景下,发展都市农业面临城市用地扩张及发展第二、三产业带来的持续压力。其次,农业内部产业部门也存在空间竞争的现象。例如,种植养殖业等传统生产功能与农产品加工、农业休闲等功能相比,内在集聚性要求相对较弱,在空间上的竞争力处于劣势,往往出现种植养殖业生产用地萎缩、腾退等现象,造成都市农区内相关“节点”“域面”的数量、位置、等级发生变化。最后,都市农业的多元功能之间也存在资源和要素的竞争[19]。都市农业具有准公共产品的特性,除了生产保供功能之外,还有生态服务价值、提供绿色景观和自然景观,以及传承传统文化等多方面的作用[20],这些衍生功能难以通过域外农区来替代,城市对都市农业的定位与发展目标的多元追求提升进一步带来空间竞争加剧,需要在顶层设计与总体规划中科学谋划。

3. 中介干扰

中介干扰源于乌尔曼对空间相互作用的中介性理论解释,即两个区域之间发生相互作用的可能性受到了来自其他区域的干扰[21]。以互补性为例，由于中介干扰机会的存在，有互补性的两个区域之间不一定最终能发生相互作用，实际实现互补的区域，取决于相互间互补性的强度。由于中介干扰机会的存在，使得在一定区域范围内，多个节点的势力范围呈现此消彼长的动态变化；同样也可以观察到，一个区域的空间结构发生变化，将对另一个毗连区域产生连带的空间结构重组效应[1]；中介干扰打破了原有区域间的“网络”平衡，既可能加强原区域和更多区域的联系，也可能给区域发展带来更多挑战。

从宏观空间尺度看，相比域外农区，都市农业区域在市场距离、交通成本、市场信息、扶持政策、设施水平等方面具有优势，使其成为城市农副产品的重要来源地。然而在大流通、大市场背景下，随着域外生产基地的自然条件与成本优势愈发明显，都市农业区域以外“节点”的可转移性增强，加之交通运输线路等级与密度提升、通行能力增强等“线路”优化，给作为中介机会的域外农区供应城市消费市场创造了条件，对本地农产品的生产和销售带来冲击。都市农业应结合城市发展需求与优势条件，适应中介干扰，优化为城市服务的功能，具体包括不断优化生产结构，减少本区域不具竞争优势的农产品生产，扩大域外农区难以替代的农产品生产及其他衍生功能，从而驱使都市农业区域空间结构和景观格局发生变化。

以上各类空间相互作用机制存在所谓距离衰减规律：各种经济活动或区域的经济影响力随空间距离的增大而呈减小的趋势，在其他条件相同时，地理要素间的作用与距离的平方成反比。经济活动不同要素的空间分离以及供给与需求的空间分离，需要在空间布局时重点考量获取要素的距离、成本和市场可达性。进一步考察区域联系的距离衰减特征，相隔极远的区位经济联系将减弱至吸引力完全消失，或者被其他区域联系所替代，则出现区域吸引范围的断裂点，即地域空间上实体作用空间的分割[22]，在二维地理范围内，这种断裂点形成封闭的曲线。断裂点可作为都市农业范围判定的依据之一，都市农业服务并依托城市，而城市与农区相互吸引范围由城市规模和相邻城市间的距离所决定，相邻两城市吸引力达到平衡点，由此形成的区域边界可视为都市农业的势力范围。

3.4 都市农区的概念与特征

在都市农业相关概念引导下，城市内部和城市周边地区的农业构成了范围相对固定、功能与形态明显有别于其他类型农业区域的场所，即都市农区。但正如国内外对都市农业缺乏统一的认识一样，业内对都市农区的概念、范围的认识还相对模糊，本节就都市农区概念及其界定、我国都市农区时代背景与相关特征进行探讨。

3.4.1 都市农区的概念

在界定都市农区之前，有必要对农业区划等相关概念进行辨析。由于农业生产具有多样性和地域性特点，农业生产类型和农业区划都涉及农业空间的内容[23]，其中前者划分对空间属性的考虑处于次要地位，所形成的空间布局不一定连续，同一类型可在不同地区重复出现，不同类型在空间上也可重叠。如我国《特色农产品区域布局规划（2013—2020 年）》在全国范围内划分出 10 类 144 个特色农产品优势区域，但大部分优势区域布局离散，存在不同品种布局区域重叠的现象。

相比于生产类型划分，农业区划描述特定地域空间中农业生产的整体表现，具有经济区域的属性。基于区内同质性与区际差异性划分标准，农业区划具有连续性、层次性和稳定性特征，例如根据《中国综合农业区划》，全国共划分为 10 个一级农业区和 38 个二级农业区。农业区划起源于早期自发形成的农业自然分区，现代农业区域划分一般涵盖土地、水、气候、生物等自然资源,市场、区位及产业政策等经济社会条件,以及动力资源、灌溉条件等生产特点等内容。

参考农业区划概念,可将具有都市农业生产特征的地域空间划定为都市农业区域,或都市农区。然而,依据联合国粮食及农业组织(FAO)等国际组织对都市农业"在城市内部及其郊区(peri-urban)种植作物、饲养动物的产业形态"等的宽泛定义,对准确定义都市农区并无多大帮助。加之各国对都市农业功能与定位的侧重点不同,使得学界在描述都市农区时常存在差异,如部分学者认为都市农业是镶嵌在城市中的小块农田,另有一些学者则从事物之间的联系度进行分析,认为经济关系密切的都市圈内的农业都可视为都市农业或农区等[24]。

在这种背景下,界定我国都市农区要从我国对都市农业的定性入手,即现代农业发展的高级阶段和现代农业发展的三大板块之一,《全国现代农业发展规划》将大城市郊区多功能农业区列为农业现代化率先实现的区域。对都市农区的界定可将其与乡村农区和垦区农区的显著区别入手,定义为地处大城市郊区,紧密依托并直接服务城市的农业区域。此外还可从城市总体空间格局视角入手,在城乡一体化新格局构建与城乡统筹发展背景下,越来越多的大中城市将发展都市农业功能纳入城市基本职能,在城市总体用地布局中,维持一定数量的边界清晰、相对稳定的农业发展空间,也可视为都市农区。

总体上,都市农区腹地范围较小,在国家农业区划体系中处于较低层级,其农区划分主要体现城市功能需求及产业部门之外的社会经济条件,而自然资源禀赋与生产条件差异居于次要标准。当前对都市农业区域范围界定还存在空白,而对该问题的深入探讨对相关研究十分必要,需重点解决两类问题:判定问题,即哪一类城市郊区农业可视为都市农业;范围问题,即都市农业地域覆盖区域有多大。

3.4.2 都市农区的界定

片面强调都市农业概念中的部分特征，如“多功能”“服务城市”“依托城市”等均有可能在都市农区的界定上产生误解。

都市农业密切联系城市，对都市农区界定有一类简单的处理办法，即刚性地按其所依附城市的行政级别（如地级市或省会城市以上级别）或城市规模等级（主要指人口规模，如大城市或特大城市以上）界定。对此，我们认为不应拘泥于“都市”一词的字面含义。都市农业的英文“Urban Agriculture”的概念并未刻意强调“Metropolitan”，即大都会的属性，尤其是对发展中国家的都市农业研究中，对“Urban Agriculture”所指的城市极为宽泛，一些文献将其直译为“城市农业”，因此对都市农业的界定不应停留在字面含义的推敲，而应从概念内涵着手分析。

另一种相关的处理方式是围绕多功能特征，将城市周边农业划分为大城市地区具有多元功能的都市农业，及其他城市郊区以生产功能为主的“城郊农业”两种类型。从词源历史看，城郊农业最早出现在20世纪80年代中期，一些大城市为解决城市食品供应问题，曾提出过大力发展城郊农业，进而调整农业结构与产业布局，增加投入水平。从这个意义上看，城郊农业确与当前都市农业强调多功能属性之间存在区别，但概念区分应重点关注概念提出的时代背景、功能诉求、发展条件差异。与其将二者划为不同性质的农业类型，不如将城郊农业视为都市农业的早期形式，如“城郊农业的起点是农区农业，而都市农业的起点是城郊农业”[25]。大城市郊区农业多功能的特征，同样适用于中小城市地区；不同城市周边地区农业的各类功能重要性或有不同，但并无本质区别。如中小城市农副产品就近对接、供应城市便捷，自给率往往高于大城市，但同样受区域农业大市场的冲击；中小城市郊区休闲农业往往受制于市场容量，发展难以突破盈亏临界规模而受限，但景区周边型、边远地区型的农业旅游对大中城市区域及其他游客同样具有吸引力;中小城市建成环境规模小,城市格局开敞,对农业生态系统服务需求的迫切性总体不如大城市,但局部地区农业生态问题严峻程度并不亚于高度城市化地区等。因此对都市农业及区域的界定尚需引入其他界定条件。

与前面较为苛刻的界定标准相反,另有一种观点则有将都市农业和农区范围"泛化"的趋势。在市场流通背景下,一些偏远农区虽远离大中城市,但部分特色农产品也能进入大城市市场。既然都市农业"服务城市",那么一些研究者认为此类农区可以也应该纳入都市农区的范畴。但这类农区一般远离大中城市辐射与服务范围,城市化发展程度低,农业产业化程度、设施装备与集约经营水平、农业经济效益、生态服务水平等与都市现代农业特征相去甚远,总体上更接近传统农业面貌。片面理解服务城市特征,有可能造成都市农业和农区范围的无限扩大。

我们认为,界定都市农业与农区,除综合考虑前述多功能与服务城市等属性特征以外,应重点考虑我国对都市农业特殊地位和角色的制度安排[26];即将都市农业作为农业现代化发展的"推进器",发挥都市现代农业为实现工业化、城镇化和农业现代化同步的重要"先行带动"作用[27]。显然,相对于中小城市或其他经济相对落后的地区,经济发达地区大中城市的科技、人才、资金、信息、市场等现代农业发展资源要素更密集、活跃,对农业和农村投入水平更高,社会资本参与农业冲动更强烈,对推进农业现代化优势明显,可发挥重要的带动作用。因此当前对都市农业和农区界定,应重点选择在全国或特定区域中,区位优势明显、经济实力雄厚、专业人才充沛、科技创新能力强劲、各类市场建设成熟、具备较强辐射带动能力的全国或区域中心城市,将其郊区农业纳入都市农区范畴。

3.4.3 都市农区的范围

在宏观尺度上观察，都市农区往往镶嵌在更高层级的农业区划内，可视为宏观尺度域面中的节点。如长三角城市群各主要城市的都市农区，按农业区划类型，属于长江下游平原丘陵农畜水产区，作为农业二级区，是我国人口最稠密、生产水平最高、农业综合经济最发达的区域，是全国重要的粮食、棉花、生猪、淡水鱼等主要产区之一[28]。

都市农区范围划定即是将其从更高层次的农业区划中独立出来。如前所述，都市农业的特殊性决定了其农区划分主要体现城市社会经济等条件的影响，而自然资源禀赋与生产条件差异居于次要地位。基于现实情况与相关理论，主要有两类基本划分逻辑：一类依据行政区划，另一类依据自然边界或经济社会发展的地域差异。

将市域行政区划与都市农区空间重叠在我国都市农业发展实践中较为普遍，进而影响相关学术研究。一般将大中城市行政区范围剔除城市建成区后的农业区域整体纳入都市农区。从管理角度上看，都市农业发展作为当前各城市农业农村工作的重要抓手，"全市一盘棋"进行农业要素投入与政策支持符合现实需求。同样，都市农业研究将全市农区整体纳入研究对象，统计数据易于获取，如《中国都市现代农业发展年度报告》将全国直辖市、省会城市、计划单列市等 36 个大中城市的全部行政区作为研究与评价对象[29-30]。

但按照都市农业内涵，城市对其功能需求及所能提供的各类支持，理论上应与城市规模（主要指人口规模）高度相关，但现实中各城市行政区面积相差悬殊，且与人口规模的线性关系不显著。例如，35 个大中城市中，行政区面积最大的重庆为 8.23 万千米^2，最小的厦门仅为 0.17 万千米^2，前者是后者的 48 倍（见图 3-2）；人口密度最高的深圳达 5 963 人/千米^2，最低的呼和浩特仅 180 人/千米^2，前者为后者的 33 倍（见图 3-3）。显然，地域范围数万平方千米的重庆、哈尔滨城市，与市域面积不足3 000千米^{2}的海口、深圳、厦门等城市相比，两类城市的郊区农业功能、结构及形态差异显著，前者都市农区实际范围可能小于行政辖区，而后者农业空间地域极为狭小，不足以支撑都市农业的各类功能，都市农区范围将外拓至周边其他城市。

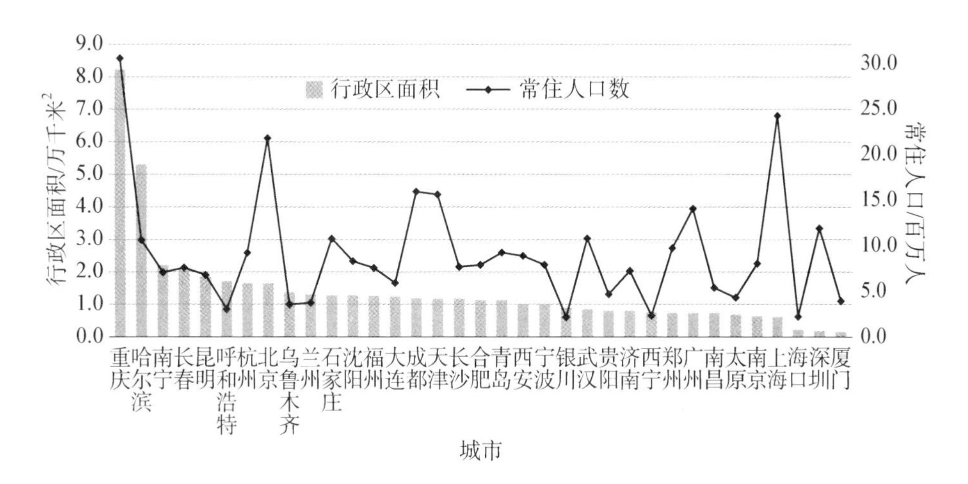

图3-2　大中城市行政区面积与常住人口数

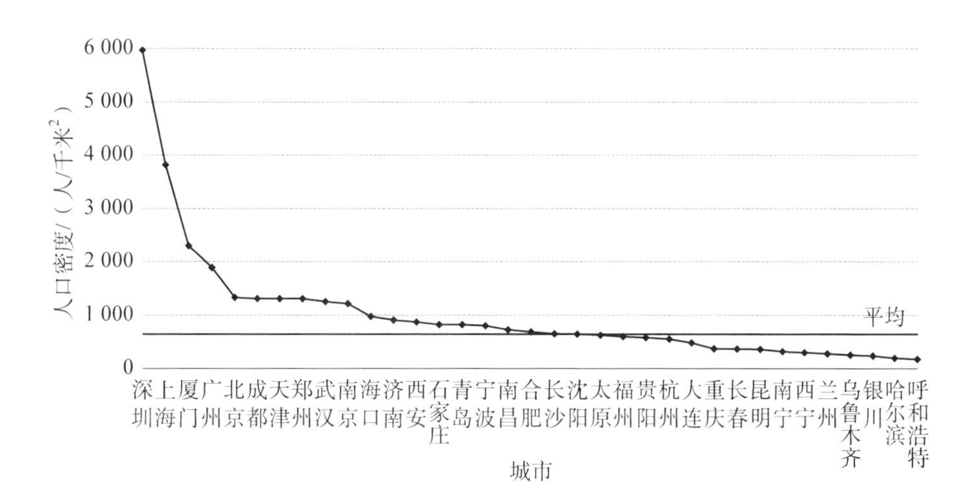

图3-3　大中城市人口密度

部分学者针对整体纳入的简单处理方式提出了不同观点，认为都市农区的概念不宜泛化，需凸显其与乡村农区的异质性；都市农业所依托的“城市”应为地理意义而非城市行政区划意义上的城市，否则按现行“市管县”的行政管理体制（即各县级单位均有其上级地级市的管辖），中国几乎无乡村农区可言，同时鉴于市辖县（含县级市）农业与乡村农业在发展方式上并无本质区别，建议都市农区应只包含市辖区的农区[31-32]。按这种修正方法，一些大中城市的远离中心城的边缘区域从都市农区中排除，一定程度上纠正了前面提及的不足，但并不能根本解决该问题。由于设立市辖区的标准主要依据宪法、地方各级人民代表大会和地方各级人民政府组织法、国务院关于行政区划管理的规定等，缺乏刚性的管理规定[33]，各城市下辖县、县级市条件相差极大，且近年各地兴起撤县设区的浪潮，一些城市出现下辖县市整建制改区的现象，“将市辖区作为都市农区”的设定意义被淡化。

都市农业作为一种新型农业业态，其内在运行规律决定了其“实质”发生的地理空间与行政干预的空间未必重叠，空间作用机制的随距离衰减规律造成的“断裂点”未必在城市行政区边界上，由此产生都市农区与城市“联系度”的命题。农区联系城市的空间强度与城市规模及相互间的距离密切关联，有必要从经济与社会发展的地理特征对都市农区“真实”范围进行界定，而这正是相关研究的空白点。

根据都市农业的概念，都市农区主要区域与大城市都会区（metropolitan area）高度重叠，一些国际组织对此空间进行了界定，包括联合国（UN）的城市集聚区（urban agglomeration）、欧盟统计局（Eurostat）的大城市区（larger urban zone）、经济合作与发展组织（OECD）的功能性城市地区（functional urban area）。综合各类定义，此空间由“人口密集的城市核心（拥有高密度的就业岗位）与人口较少的以交通网络（地铁与小汽车）联系的通勤区域”组成。区域内通过城乡分工与合作，实施有效管理，共享工业、基础设施和住房，内含多个与城市核心社会经济相关的城区、卫星城、乡镇、郊区、居间农村地区等,通常通过交通模式来衡量[34],该通勤区域的描述也可视为都市农区人工自然环境的注脚。基于此思路,可构建以人口密度与交通时耗两类空间数据支撑的都市农区。其中,人口密度综合反映了都市农区所处的自然与社会环境,当人口密度低于某阈值,则可认为其农区面貌与环境已不具备都市农区特征,更接近农区农业或乡村农业。综合国内外相关城市资料,选取人口密度为500人/千米²作为下限值(见图3-4)。交通时耗直接反映了地区与城市核心地区的联系度,综合地理、规划等学科经验,可选用市中心1小时交通等时圈(小汽车)的指标。

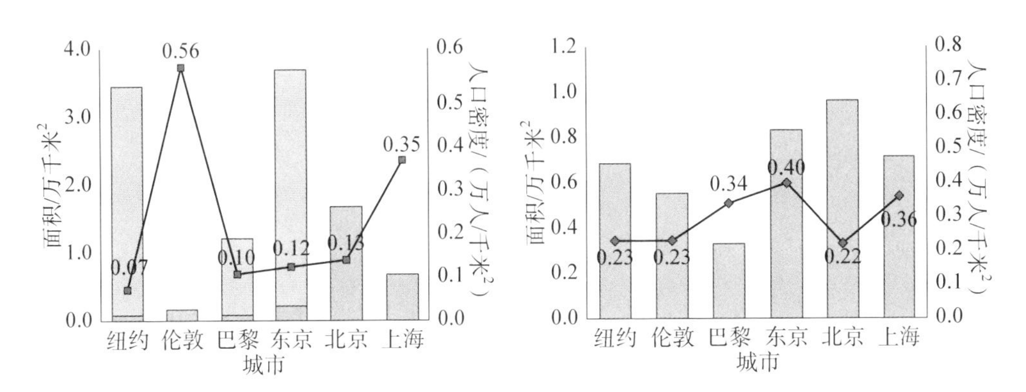

图3-4 基于行政区及都市农业框架的"纽伦巴东京沪"大都会区人口密度

3.4.4 我国都市农区的时代特征

我国都市农业从城郊农业进化而来,且仍处于发展变化当中。相比不同城市的自然资源与生产条件差异,近年各地城市快速发展所形成的经济社会环境对都市农业的影响更具共性、更为直接,构成了我国都市农业发展的时代背景。有别于发达国家大城市较早完成城市化进程、城市郊区扩张与都市农业发展基本不同步的特征,我国在改革开放尤其是20世纪90年代中期以后，方步入快速城市化阶段，城市超常规发展带来城市建设用地急剧扩张、中近郊土地利用方式快速变更，农业发展空间急剧萎缩、外迁，都市农业兴起与城市化发展几乎同步，是我国特有的阶段性特征。

总体而言，都市农业对城市发展发挥着“双向作用”。一方面都市农业在我国大城市经济社会发展中所固有的基础性地位，特别是域外农业难以替代的应急保供、生态维护等，确保了我国大城市中农业的“制度性存在”，通过生态保护红线、永久基本农田、城镇开发边界3条红线实现对农业发展空间的保护；在新一轮国土空间规划体系中，各城市均将都市农业的功能、规模与空间纳入城市总体规划中。另一方面，都市农区客观上又“限制”或“牵制”了城市空间的扩展，城市对建设用地的旺盛需求对都市农业发展形成强大的阻力，在城市土地资源日益紧缺、土地利用绩效压力下，严守农业空间必然推高经济增长的机会成本，最终导致农业空间被挤占，数量指标在“底线”徘徊，永久基本农田保护红线及农业“三区”落地难、因城市开发要求而经常调整，作物播种面积下降，畜禽养殖规模连年萎缩等。

需要说明的是，大城市郊区非农化趋势并非仅出现在我国或其他快速城市化进程中的发展中国家，研究显示欧美大城市城乡接合部（rural-urban interface, RUI），受宏观政策、经济活动变迁、生物资源、人口增长压力、农场经营者决策等复杂因素影响，持续出现耕地面积减少、经济非农化发展趋势，农业可持续发展受到挑战[35]。

此外，国内外典型城市都市农业比较研究显示：①我国大城市郊区经济社会发展水平与发达国家城市仍存在较大差距，城市化质量不高，都市农业脱胎于城乡二元经济社会结构仍保留部分乡村农业特征，农业现代化任重道远；郊区圈层式梯度发展特征显著，农业在城市中远郊地区经济社会活动中仍扮演重要角色。②大城市郊区农业从业人数及比例显著高于发达国家，劳动力平均经营规模极低，并面临近郊劳动力老龄化、综合素质较低等结构失衡问题；中近郊地区生鲜农副产品生产占较高比例，服务城市特征较为显著，同时精细化作业也有利于消纳庞大的农业劳动力队伍。③城市郊区土地利用具有高耕地占比特征，通过挤压森林、草地、灌木等生态空间，以确保人均耕地占有水平；城市生态系统服务水平低，生态空间布局不合理；耕地、森林、人工地表等主要地类破碎化程度高、布局零散、用地混杂、形态复杂，给土地规模集约经营带来一定困难。

3.5　都市农区的空间格局

根据研究需要，农业空间常包含两层含义，一是生产力布局，尺度相对宏观；二是具体的空间形态，往往在相对具体的尺度上。都市农区空间研究覆盖上述两方面，前者一般在整体层次上，后者则更加微观，本节分两方面分别加以讨论。

3.5.1　功能结构

相比于农区农业和乡村农业的区域具有均质性特点，都市农区以人口与建设用地高度密集的城市化地区为核心，向外辐射至城市远郊，非均质、枢纽型、向心分布特征显著。农业功能、产业与形态随与城市中心距离不同而呈现逐步过渡的特点，由此形成了都市农业圈层式功能结构。其形成原因在19世纪杜能的农业区位理论中已有论述，通过孤立化方法假设与逻辑推演，将"运费因子"作为关键因素，提出了围绕城市形成的6个同心圆郊区农业带的"杜能环"，该理论由于假定前提过于严苛，加上市场发展与技术进步，在现实中很难找到如此"完美"的形式，但现代城市郊区农业的圈层式结构确实是普遍现象[36]，如图3－5所示。

近年来，国内一些学者运用景观格局及空间聚类等研究方法研究都市农

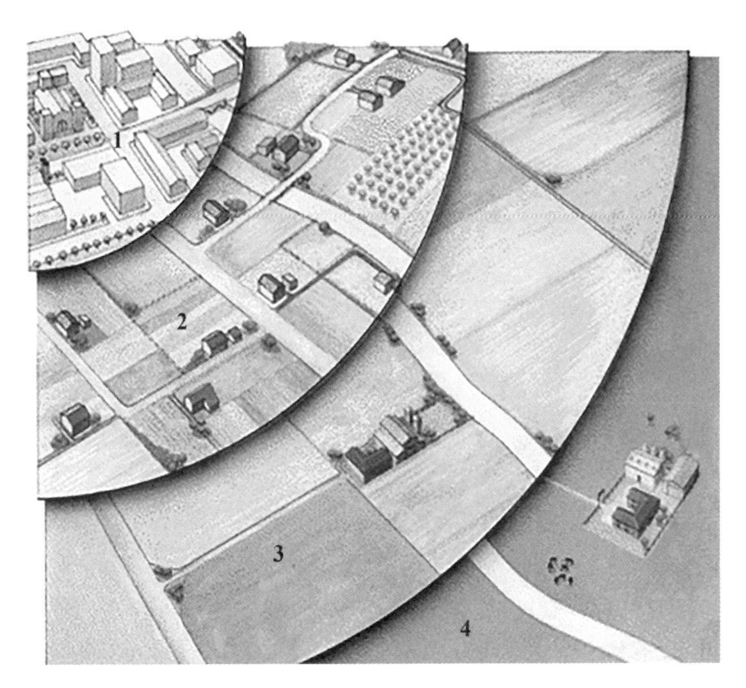

1—都市；2—市郊蔬菜栽培(通常小于 5 公顷)；3—谷物种植(平均 50～100 公顷)；4—牧场(平均 100 公顷)。

图 3-5 乌拉圭蒙得维的亚(Montevideo)郊区农业的经营特征[37]

区时空演进，结果均表明，都市农业的功能与业态分布确存在圈层式特征。如上海郊区街镇农业功能可划分为生态结构型、传统农业型、农耕文化型、文化休闲型和功能均衡型等 5 个模式，自近郊至远郊呈圈层分布，依次是文化休闲型、农耕文化型和传统农业型发展模式街镇，而生态结构型发展模式的街镇穿插在文化休闲型发展模式街镇中[38]。西安市在快速城市化背景下，都市农业生产经济功能由市中心向外围递增，在近郊区域持续下降、中远郊区域持续增加；就业功能中郊区增强幅度最大、近郊区域减弱幅度最大；娱乐休闲功能由中心向外围逐渐递减，近郊区增长速度最快；生态功能由中心向外围逐渐递增等[39]。

在城市不同圈层中，都市农业功能、业态与景观格局特征如下。

1. 城市内部农业

城市内部农业又称都市内部农业(intra-urban agriculture),由于地处人工环境,农业所需土地、水、药肥等资源供给不足,且出于公共卫生等方面考虑,大多数国家将该区域内的农业视为"非正式"农业部门,以有别于"商业化的农业"或"食品工业"体系。不同地区的都市内部农业发展模式存在较大差异:在亚非拉等经济落后国家中,城镇中众多贫困人口由于缺乏就业机会与收入来源,利用城市土地低效使用的便利条件,在建设用地间隙种植粮食作物以丰富食物来源、降低食物成本,成为重要的选择[40]。发达国家城市受级差地租与规划管理影响,一般不存在建设用地与农业用地混用现象(新加坡是个少有的例外,为应对粮食安全威胁,新加坡近年探索将农业与建设用地整合,通过土地混合使用,用农业高科技集约化来整合城市粮食生产,提高食物自给能力,以实现 2030 年达到 30%食物自给需求的规划目标[41]),城市内部农业发展依托公园绿地等开放空间内或独立设置的社区农园(市民农园),家庭庭院,建筑屋顶、墙面、阳台等区域(有别于都市农业圈层式发展的"水平结构",部分学者将其描述为都市农业的"垂直结构")。功能包括生产健康食物、提升粮食安全水平,降低工业化食品生产系统对生态可持续性的负面影响(如减少生产过程的能源消耗及食品运输成本、消减城市废弃物),减少健康生活方式准入机会不均等,教育,休憩,以及加强社区交往等。

长期以来,我国城乡分治的二元经济社会特征明显,中心城区的人口与第二、三产业活动高度集聚,建设用地成片开发,城市内部缺少农业实体性经营,而类似于发达国家城市中的开展都市农业多元功能的模式探索也较为罕见。近年在相关政策与市场推动下,部分城市开始尝试阳台农业、屋顶农业等新型农业模式。未来可重点布局于建筑局部空间(屋顶、阳台、墙面、窗台、室内等)、城市植物工厂、城市闲置空间(废弃、未利用空间,如交通干道下部、废弃工厂仓库、港口基地、河岸两侧等)和城市公共空间(广场、公园、街道停车场等市民公共使用空间),通过利用太阳能、风能、地热能等可再生能源,回收利用垃圾、废水、雨水、余热,利用可循环和废弃材料,利用先进材料和技术手段,以及堆肥、沼气等农业生态技术发展低碳环保农业,注重生态性、可操作性和艺术性,将农业融入城市肌理[42]。

2. 城市近郊农业

城市近郊农业亦称城乡接合部(RUI)地带内的农业。其区域位于城市边缘地区,是建设用地为主导的用地景观向农田景观转变的过渡带,农业在经济生活中的比重及农业从业人员比例迅速上升,是我国都市农业发展的重要区域之一。该区域受城市扩张的直接影响,土地利用矛盾突出,空间格局较为复杂且极不稳定,城市建设用地、公路铁路等大型基础设施、自然村组对农业用地分割造成土地与经营的碎片化,土地流转率相比城市中远郊地区更低,经营单体规模较小,布局分散化,土地规模集约经营具有较大阻力。

与农业分散经营相关的是该区域农业业态的多样性,蔬菜、瓜果、林果、粮食等各类产业形式交错布局;由于邻近城市中心的交通区位优势,农业短程供应及休闲游憩功能凸显,农业观光园、采摘园、农家乐等休闲农业新业态模式占有一定比例。业态的多样性正是该地区农业持续发展的重要保证,国外相关研究显示,RUI 区域农业结构多样性(农产品及经营模式类型)恰是该区域农业活力的重要表征,正比于本地农业的繁荣;反之,如果 RUI 地区农业结构趋同,则反映出该地区农业不具备可持续发展能力[34]。在这点上近郊农业与农区农业形成显著差异,后者农业现代化的途径往往以经营规模扩张、品种单一、专业化经营等为特征,一定程度上被视为食品工业的第一车间,规模化、标准化、集约化、专业化是其追求的目标。

近郊农业发展面临的阻力主要包括城市扩张、劳动力萎缩与生态环境恶化等。首先,在城市快速扩张背景下,近郊农区首当其冲,处于被支配的地位很难从根本上得到扭转[43]。其次,该区域人口密度远低于城市,但又高于其他地区，是城市重要的外来人口导入区，但同时受农业比较效益低的影响，农业经营性收入占居民收入的比例越来越低，出现较明显的农户弃农现象，加上农业劳动力老龄化与从业者素质下降，务农人员的无序流动使农业代际传承出现了危机[44]。最后，近郊农区受城乡生活与工农生产高强度多重环境压力，环境自净能力受到极大抑制，而基础设施水平又远不如城市化地区，空间利用方式的剧烈变化进一步导致其生态环境极其敏感，生态环境形势严峻。

3. 城市中郊农业

相比于城市近郊，中郊地区土地利用方式更趋向于农业与乡村形态，城市扩张与农业农村经济社会发展实现“力矩平衡”，农业用地形态相对集中、成片连续，发展农业所需的各类自然资源自我维持能力与结构性较强，有利于发展适度规模的集约现代农业，是我国当前都市现代农业发展的主要空间。中郊地区土地利用格局相对稳定，农业生产空间受土地城市化冲击相对较小，是政府及市场主体对农业要素投入的主要空间，资金、技术、知识、信息等在一定程度上实现对土地资源的替代；相比于传统农业的生产方式，生产力要素的重新组合要求都市农业在经营模式与组织形式上有所突破。科技化、设施化、智能化的现代农业园区、农业开发区等成为该区域农业生产经营的重要载体，以实现生产要素的优化配置、农业资源的高效利用和生产效益的提升[45]。该区域农业生产经营的组织化程度较高，土地流转率一般高于近郊及远郊区域，职业化农民占较高比重，家庭农场、专业合作社、龙头企业等新型经营主体发展迅速，劳动生产率、土地产出率等经济指标均处于高位；依托现代农业，一二三产业深度融合，农产品加工园、农业物流园、要素及农产品产地市场等生产性社会服务体系应运而生。

4. 城市远郊农业

城市远郊农业地处都市农区外围浅城市化地带，与农区农业或乡村农业接壤。其一般具有低人口密度、耕地连绵、自然生态环境优越等特征，同时也面临区域发展动力不足,第二、三产业发展空间受限,居民收入低且对农业依赖程度高,人口与劳动力外流,现代农业投入水平不足等困难。该区功能以保障城市居民农副产品消费需求、农民增收等社会功能为主。在“米袋子”“菜篮子”工程及确保自给率等政策指导下,远郊农业相比城市中近郊农业,更多地承担了粮食、畜禽等大宗农产品生产任务,常采用大中型农场化经营模式,组织规模化粮食生产与畜禽养殖;还可利用远离都市的近自然生态环境条件,发展以休闲度假、乡村民宿为特色的休闲农业与乡村旅游产业。作为“纯农地区”,发展现代农业是区域经济社会的必然选择,也为提高本地农民收入,稳定社区发挥着重要作用。一般而言,远郊地区相比中近郊地区,经济社会发展缓慢,自我更新能力较弱,农田基础设施与装备水平较低,但依托大中城市支农惠农政策及强劲的公共财政能力,通过财政支农尤其是生态补贴、补偿制度的确立,为远郊地区创造了相对宽裕的农业现代化发展条件,优于其他农村农业区域。

此外,因历史原因,一些城市拥有与行政区域脱离的飞地,除部分公共事务管理属地化以外,飞地经济社会运行与投入主要依托母城,飞地农业与母城联系密切,如生产功能强调其作为特殊农产品供应基地的价值,农业基础设施投入也以母城为主,因此飞地虽远离母城,但从相互关系上可将其视为特殊的都市农业形态,类同于城市远郊农业。

3.5.2 空间形态

考虑到城市资源要素与城乡用地的具体空间形式,对都市农区空间的描述还可进一步引申到其形态结构,对此需将经典空间布局模型对现实地理环境的过度简化进行还原。如经典杜能环理论,基于农区范围内农业生产条件天然均质,以及将农业的消费中心——城市视为位于孤立区中心的质点,忽视其规模与形态特征的前提假设,所形成的同心圆式农业空间模型过于理想化，与现实存在较大差距。对此杜能也尝试加入其他一些空间要素，如考虑其他中小城市、通航河流或铁路运输等对农业区位的影响，使农区布局模型融入更多的地理空间要素与形态细节，使其更接近现实(见图 3-6)[46]。

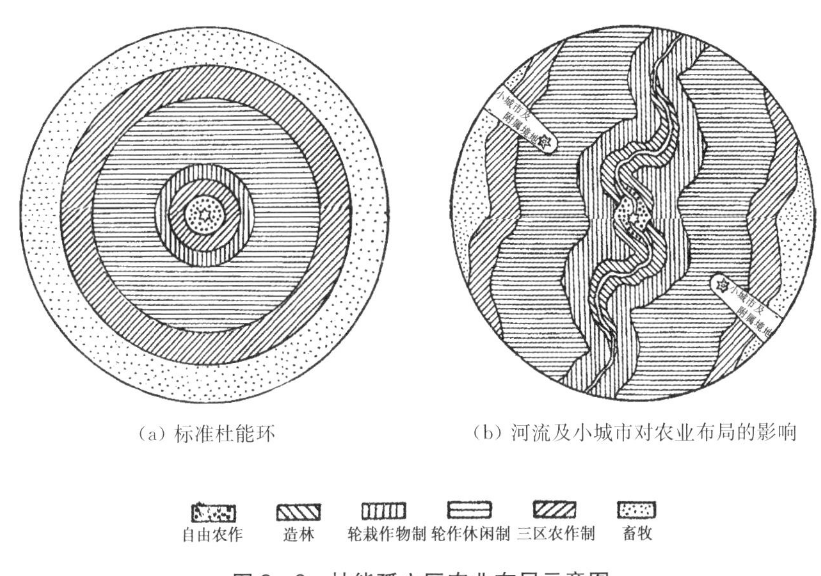

(a) 标准杜能环　　(b) 河流及小城市对农业布局的影响

图 3-6　杜能孤立区农业布局示意图

都市农区与城乡建成环境交融，农业与其他人类活动深层次互动构建了都市农区的形态格局。都市农区往往被动地接受城市建成区及其他建设用地的割据，造成农区空间的破碎，形成一系列节点、线路(廊道)与不同规模域面的空间系列。具体而言，城市建成区皆为不规则的域面，尤其是城乡接合部区域，城乡建设用地与农地镶嵌，大中城市形成由主城、副城、新城、新市镇等组成的多层次城镇体系节点；市域内各功能组团间联系通道、环状快速路、指状放射的公路网络，以及市域水系林网等蓝绿生态空间网络，实现对农地的渗透与分割，形成都市农区“小集中、大分散”的形态。

都市农区所处复杂空间环境，结合农业用地范围内各种功能、形态与区位的产业部门或经营单元的布局，组成一系列由点、线、面等空间要素构成的网络化形态格局。部分学者认为,圈层式空间结构或者点线面网络结构,是区分都市农业与城郊农业的重要特征[44]。我们认为,都市农业作为城郊农业发展的高级阶段,二者并不存在空间结构的根本差异。“功能结构”分析中提出,都市农业的功能、产业与农区景观同样表现为圈层式的变化特征,但大中城市社会环境与城乡土地利用格局复杂性远超中小城镇,决定了都市农业网络式空间形态结构更为显著,其特征主要有以下几方面。

(1) 散点布局的城内节点:现代发达城市内部一般不安排农业生产用地,城市主城区基本覆盖人工地表,少量“都市内部农业”形式包括建筑屋顶、阳台、院落等局部空间布局在城市闲置空间与部分开放空间,如欧美城市的社区农园,日本等少数国家受土地私有制及《农业振兴区域整备法》等法律保护,大城市内部目前依然保留部分具有生产功能的“绿岛农业”(见图 3-7),这些均是城市内部的农业节点。

图 3-7 东京都 NERIMA 区绿岛农业

(2) 楔状布局的农业片段:大中城市规划主城区与邻近城市组团之间永久或临时保留的小块农地,紧邻城市化区域,耕地碎片化严重,产业部门和形态多样,土地流转率低,难以组织规模集约经营,面临城市建设用地扩张压力,一般不进行大型农业生产设施与基础设施投入,以避免投资浪费[31]。大中城市在一定发展阶段保留农业形态的主要价值在于结合城市禁建区、限建区的管理要求，打造主城区绿圈(greenbelt)，形成隔离城市各组成部分的“绿色空间体系”，执行严格的绿线保护与控制措施，以实现对城市建设用地无序蔓延的控制，营造城市发展的良好生态环境，并维持有限的农业生产功能[47]；发挥交通区位优势，适当发展农业休闲园、采摘园、科普园等休闲游憩与文化传播功能。

(3) 带状布局的农业廊道：依托大中城市快速路、高速公路、铁路、城郊轨道交通、大型水域及水利枢纽、高压走廊等重要的线状市政设施，以廊道内部与两侧一定宽度的生态隔离空间构建都市农区主要线状布局空间。其主要有两类形式，一类为城市绕城高速公路或主干路的环状农业生态空间；一类为依托放射性道路等形成的指状农业生态空间。受廊道纵深与功能限制，带状都市农业区域以生态防护与景观功能为主，可适当发展林果产业，结合城市用地布局及相关设施布局，可选择特定节点打造公共开放景观空间，发展休闲游憩功能。发挥带状农业廊道的区位优势，还可将农业公共服务、农产品加工物流园、专业化市场等生产性服务机构与设施布局于沿线或邻近的专用地块。

(4) 团块布局的农业园区：主要位于城市中郊区域，是在新城、新市镇、主要交通廊道与自然地貌分割后，所形成的具有一定规模与向心性、资源条件与景观格局相对统一、特色农产品生产基础好的适度规模生产区。通过农业生产装备及设施投入，汇集现代农业资金、技术、信息与人才，打造各种形式现代农业园区，如农业科技园区、现代农业示范区、农业综合开发示范区、现代农业产业园、产业强镇、农业经济开发区等；依托区域自然与城乡建设条件，促进一二三产业融合发展；其空间尺度由农区规模决定，一般在一个至若干个乡镇农区之间，结合功能与产业划分可做进一步结构划分。

(5) 面状布局的规模农场：一般位于城市远郊区域，受城市开发影响小，农区规模连片、生产条件一致性高，围绕少量县市驻地及若干乡村社区形成作业点或社会化服务中心，根据条件可组成大型专业化农场或传统的产业生活融合发展模式，以粮油、畜禽等大宗农产品或地方优势农产品生产为主。其空间尺度一般与县市级农区规模相当，按种养结合要求划分为若干个结构相似、规模相当的次级生产单元。

各具体城市的都市现代农业空间规划，可综合上述点、线、面、团、楔的空间元素，在城市国土空间规划总体结构指导和农业用地空间布局基础上，有机组合，形成各具特色的都市农业综合空间构架，优化农业资源要素配置，推进农业产业结构与相关模式的完善。

3.6 都市农业的典型业态布局

在都市农区整体空间格局分析基础上，对都市现代农业发展的基本经营单元的适宜规模，优质农产品生产基地、休闲农业、市民农园等几类发展迅速、具有代表性的典型产业业态空间布局进行探讨。

3.6.1 基本经营单元的规模

都市农区具有小集中、大分散的特征，尤其是中近郊区域，建设用地与农业用地混杂，耕地斑块零碎且离散，对于推进产业适度规模经营、发挥生态景观功能，可探索多种经营主体包括小农户组成产前、产中、产后纵向一体化的产业化联合体，以适宜尺度的经营单元形成都市现代农业经营的“细胞”，其中确定基本经营单元的适宜尺度与范围是其重点和难点。综合资源禀赋、功能需求、产业经营与乡村社区发展等多个角度，借鉴欧盟经验[48]，从半径与规模两方面，拟确定相对理想化的参照值。

(1) 生产组织：都市农业以龙头企业、专业合作社、家庭农场等为主体的新型经营单元要求土地适度集聚便于生产组织与管理，要求在特定范围内集成足够规模和一定质量等级的农田，城市中近郊极度破碎和分散的地块如不能就近纳入产业经营区域，将彻底成为孤岛农田，不具备发展现代农业产业经营的基本条件。此外，现代农业产业经营，需要有相应的社会化服务体系作为支撑，应推进以村为单位的农村基层公共服务设施与农业生产性服务设施系统建设。

(2) 种养结合：都市农区内人口与经济社会活动高度密集，发展现代农业必须走绿色生态道路，按种养结合模式配置循环农业单元。按"就近就地"原则，对农业废弃物，主要是秸秆和畜禽粪尿进行无害化处置并转化为有机肥，在经营单位内配置适度规模畜禽养殖场及废弃物资源化利用中心。两类设施的最低适宜规模，以及废弃物收集与有机肥的合理运输半径，决定了参与农业碳氮循环的适度耕作规模。

(3) 社区发展：农业产业经营的直接主体是农民，农户生活社区的基本单元是村，其农业用地规模大体决定了生产经营的边界。资料显示，截至 2018 年，上海市郊区涉农 9 个区，共有乡镇数 103 个，行政区域面积 56.3 千米^2，两委(村委会、居委会)总数 3 023 个，平均规模 186.1 公顷，考虑到居委空间规模一般远小于村委，村委会平均规模应不低于 200 公顷。经营单元规模重点考虑农户耕作半径特征，综合自然、经济、社会以及土地利用等多种因素，学者提出的最大耕作半径推荐值一般为 2.5～5 千米[49-51]。城市中近郊居民点密集，平均半径一般小于此距离。随着各地建设农民集中居民点，农户耕作出行方式由步行转向自行车等交通工具，农机普及率上升等因素促使该半径有上升趋势。然而，都市农业尤其是设施园艺的耕作精细化程度超过传统农业，要求耕作半径不宜进一步加大。

综合各类因素，推荐都市农区基本经营单元最低规模为 200 公顷[31]，考虑到中近郊农地相对分散，单元半径宜控制在 3 千米以内。

3.6.2 名优产品产业化推进

在大流通、大市场背景下，大中城市粮食及普通农副产品的供应很大程度可依托域外农区。考虑到都市农区范围狭小、农产品生产机会成本居高不下，从供给与需求两方面，都要求都市农业生产功能应重点满足城市居民对高品质生鲜农产品，特别是地标农产品、地方优质特色农产品的消费需求。

优质特色农产品生产区有赖良好的市场区位以及资源禀赋的比较优势，其中基于地理区位的优势难以复制，造就了农产品生产的竞争优势和发展潜力。同时，以地标农产品为代表的名优农产品地域性限制问题也不可忽视：地标农产品的品质依托于特定的地理空间，具有明显的地域性，地理标志权表现为对产地生产者的保护，但并不能直接促进地标农产品的产业化发展。地域性对地标农产品产业发展具有双刃剑作用，表现在土地规模化经营受到制约、不利于经济要素的集聚、空间布局散布、产业发展集而不群等，产业化发展无法采用常规扩大生产规模的模式，需探求特殊的实现途径。

针对名优农产品的地域性限制问题，有赖于农业产业集群的构建，并重点发挥农业园区的推手和平台作用。针对单一产品，产业集群可将多个市场主体在地理上集中，共享基础设施与品牌资源；针对多个产品，将各产业共需的经济要素加以集聚，实现共同受益。由此形成两类效益，一类是单一农产品产业化发展的规模效益，另一类是同属特定区域的多个农产品的集聚效益。建设农业园区或专业化基地，为建设产业集群提供了良好的内外环境，如基础设施、专业劳动力、技术攻关、市场信息、上下游相关经营组织、政府的产业促进政策和其他公共服务等，从根本上解决了名特优农产品的地域限制困局。

农业园区产业布局以名优农产品生产与加工为主线，推进农产品全产业链经营，形成若干功能区，合理配置、布局相关要素，实现农业资源多环节、多层次的综合利用。功能区布局常采用“点、线、面、环”的结构，其中“点”为公共管理与服务、科技研发中心等，“线”为产业发展轴，“面”为各类特色农产品种植区、加工区等，“环”为产业服务环、基础设施环、生态隔离环等[52]。

3.6.3 休闲农业空间布局

休闲农业体现了都市农业的多功能特征，当前呈现高速发展之势，具有市场供需两旺、经营主体多元、内涵与形式日益丰富等特征。休闲农业景区、景点数量快速增长，布局日趋合理，并成为相关研究热点。

休闲农业产品具有典型的市场导向型特征，表现为城市郊区农业旅游资源条件导向特征不突出，资源异质性不明显；市场尤其是本地城市居民的休闲游憩需求成为支撑产业发展的持续动力，产业空间布局受市场规模与城市形态格局影响；同时，大中城市郊区地域空间狭小，休闲农业景点高度密集，布局具有结构化特征。

相关研究显示，都市郊区型休闲农业景点分布特征为就近且随距离衰减。通过统计典型城市的数百例休闲农业景点到城市中心的实际距离与时耗，并以修正的景点密度数据消除行政区划形态等因素的影响，获取休闲农业景点距离分布特征精确度量值，如图3-8所示。结果显示：市中心及城市边缘区景点数基本空白，中郊景点高度密集，近郊及远郊则相对稀疏。

构建休闲农业的距离-收益模型，对城市郊区休闲农业景点分布特征进行解释。从游客收益角度看，市区及近郊地区乡野氛围稀缺，休闲农业景点对游客缺乏吸引力，收益趋于零；中郊农业及自然面貌替代建设用地，郊野景观价值上升，收益增加；远郊景观环境质量进一步提升，但增长趋缓。游憩成本由出游过程发生的交通出行、景点内消费开支等组成：近城区域游客出游可选择公共交通，成本低廉；中郊区域公共交通覆盖不足，出游以自驾车等方式为主，单位距离出行成本上升；远郊受高速公路收费等影响，沿途消费、时

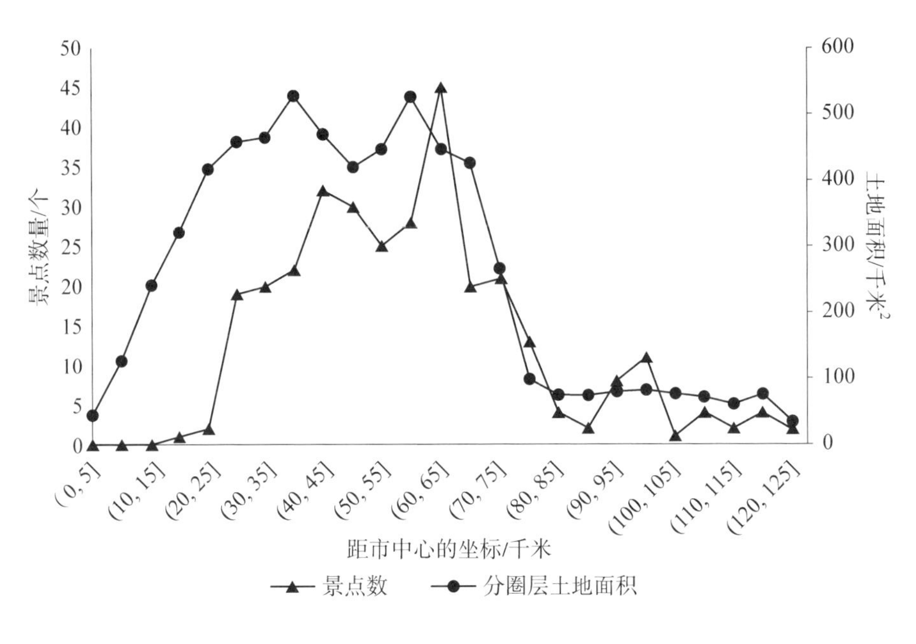

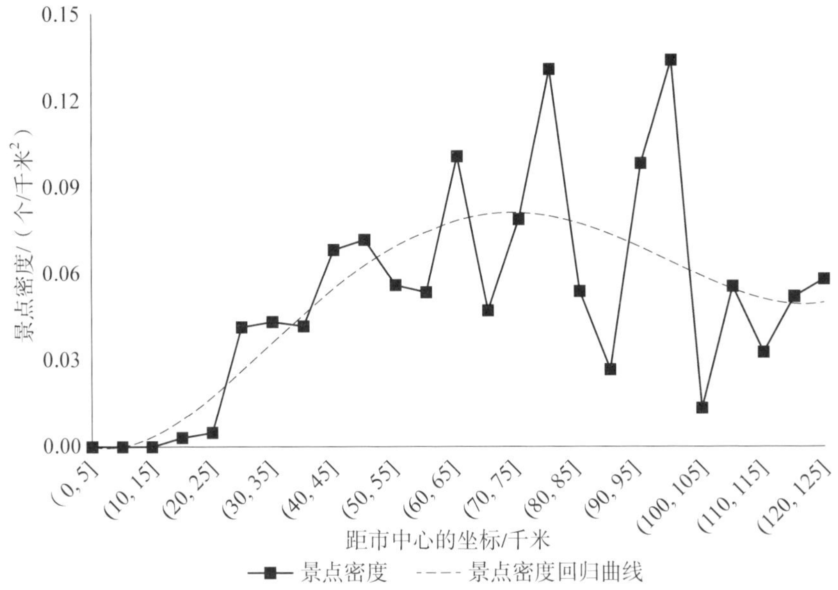

图3-8 到城市中心不同距离的各区间景点密度特征

耗增加，加上景点内餐饮、住宿等消费使出游总成本快速上升。据此绘制游客出游收益与成本曲线：随着城市中心距离的增加，收益曲线呈S形特征，成本曲线则随距离增加而斜率逐步提高，如图3－9所示。收益与成本曲线之间的差值即为游客净收益，在近城及远离城市端（部分学者认为可外延至300千米）为负，中间段净收益快速上升然后缓慢下降，表现为非对称的倒U形曲线，如图3－9所示。

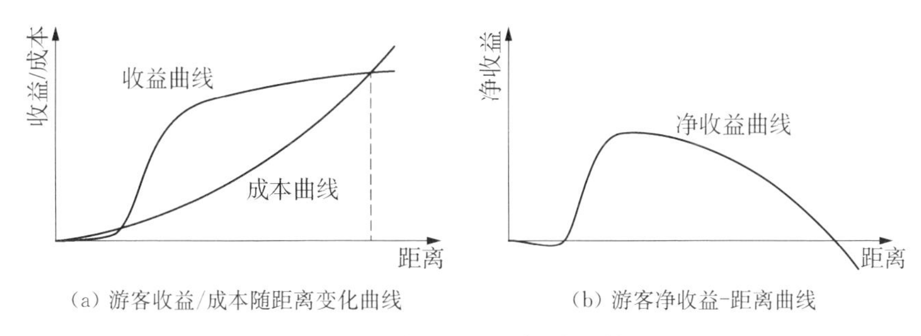

（a）游客收益/成本随距离变化曲线　　（b）游客净收益-距离曲线

图3－9　休闲农业距离-收益模型

休闲农业不同游憩类型与城市距离关系存在差异，如观光、购物（主要指农产品销售）活动与距离变化弱相关，作为休闲农业的基础类活动方式，在各种距离景点中均占有稳定比例，分布数量与距离关联不大。餐饮、住宿类活动随距离加大而增加，呈远城集聚形态，距离衰减作用不明显，可解释为远郊景点出游时耗长，游客具有餐饮及住宿的自然需求。体验、商务类活动随距离加大而减少趋势明显，呈近城集聚形态，与距离变化负相关，该类活动体验性强、时间弹性小，须充分接近客源市场，以降低出游路途消耗的时间。

休闲农业空间布局除距离差异外，在城市郊区特定区域，也表现出空间聚集特征，形成所谓的休闲农业集聚区。根据集聚区范围、内部分异特征，可进一步划分为3类，如图3－10所示。①枢纽型集聚区：以特定大型郊野休闲景点为核心，形成类“景区周边型”集聚区，依托核心景点对游客的强大吸引力和溢出效益，形成集聚区“增长极”，各景点联动发展形成互补，其具体与枢纽景点能级高低相关，景点密集度中等。②园区型集聚区：在政府主导的休闲观光主题农业园区范围内，多个休闲农业景点集结，位置紧邻，形成互补与联动;集聚区范围主要约束在园区范围内,适当向周边延伸,半径小,景点密集度高。③同质型集聚区:在特定区域内众多旅游产品相似的景点集聚,共享旅游资源与环境,功能相对单一,相互间一般无直接联系,呈现空间地域的"混合",景区范围与该类旅游资源范围重合,景点密集度相对较低[53-54]。

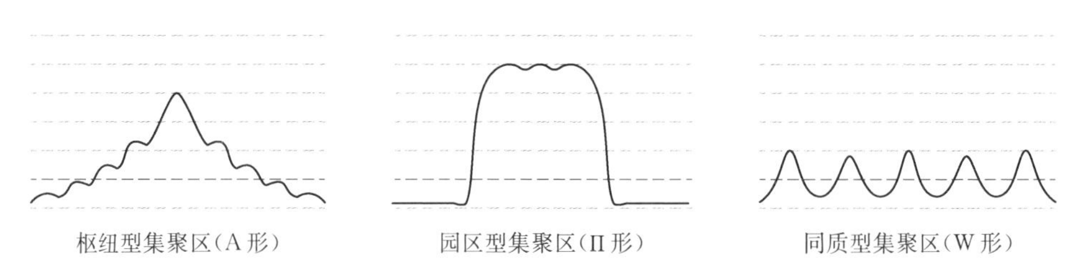

图 3-10 休闲农业集聚区典型类型

3.6.4 市民农园模式与布局

布局于城市核心区或居民区的社区农园,与城市近郊的市民农园、城市农场等,有时被统称为市民农园。部分研究者认为这种在非农业用地上进行农产品种植,补充城市居民家庭食物来源,兼具休闲体验和社区交往等功能的特殊农业形态,是欧美国家都市农业的最早形式和重要载体[55]。市民农园兼有生产与游憩双重功能,使其成为近年相关市场的新宠,并结合社区支持农业(CSA)等运营模式,在我国部分大中城市发展迅速。

市民农园萌芽于 9—15 世纪欧洲中世纪的庄园制下的份地(plot 或 allotment),有些研究则从游憩功能出发,认为起源于 19 世纪德国的施雷伯花园(Schreber garten)。在数百年中,市民农园早期主要具有为城市贫困人群提供食物的功能,如德国的贫民花园(Armen garten);中期转向对环境与食品安全问题的重视,重点组织食品安全生产,并与"农业自给自足公社"运动相协调;近年进一步转向教育、体验、运动、交往等新型功能,出现校园农园、儿童农园、社区农园、疗养农园、高龄农园等多种形式。

发达国家市民农园具有较强的公益属性。一方面不论是早期的济困作用，还是当前为社区提供户外活动场所，都强调其非经济性功能，日本“市民农园整备促进法”要求发展休闲等非营利方式，为减少土地撂荒、提高农地使用效率、促进城乡交流、关心老人以及未成年人，政府以财政资金予以支持。另一方面，农园土地均非自有，多为政府供应的公共土地，如德国立法规定每个城市均有为市民提供市民农园的义务，将乡镇或市政府公地，或租用的私有土地廉价分租给市民。此外各国市民农园发展常有农产品不得出售，只可自用或馈赠亲朋好友的规定，将农园限定在休闲范畴，并避免市民农园对工业化食品体系形成冲击。

依据市民农园的模式差异，结合空间布局特征，各国市民农园可分为3种类型。第1种为城区点状分布，以北美“社区农园”为代表；第2种是近郊环城分布，以欧洲“份地农园”为代表；第3种是中远郊分布，以东亚地区“市民农园”为代表。各类农园的模式主要差异如表3-1所示。

表3-1　3类市民农园模式主要差异

模式	农园定位	地理位置	租期/年	单元规模/千米^2	管理主体
北美模式	基于社会交往的都市农业形态	建成区内为主	1～5	15～50	非政府组织主导
欧洲模式	以家庭为单位的私人花园	城市近郊为主	20～50	200～400	政府主导
东亚模式	体验农事生产，提高农地利用率	中远郊为主	1～5	20～50	地方政府、非政府组织共同主导

借鉴发达国家发展经验，大力推进我国市民农园的健康发展。一方面，明确市民农园的休闲游憩核心地位，将生产功能作为实现休闲功能的载体，不刻意强调农园与生产基地结合，面向城市各类人群，迎合都市休闲新潮流，创新休闲农业新模式；另一方面，平衡项目的营利性与公益性，在企业主导基

础上，鼓励农民、合作社、学校等多元主体参与市民农园建设，政府在发展定位谋划、鼓励创新发展、完善公共服务等方面进行扶持。

在业态和布局中多模式推进市民农园发展，顺应休闲农业及市民休闲需求趋势，借鉴国外经验发展多种形式的市民农园。如参考北美模式打造城市内部多种形式的社区农园，将公园绿地的部分空间由观赏体验转为参与式休闲体验，将城市内部废弃土地盘活为公众共享的城市农园；需要规划、土地、园林等管理部门在城市规划、公园绿地营建、社区管理等领域做进一步政策细化。

城市近郊可参考欧洲模式，在部分生态绿地、建成区内镶嵌绿岛农地，面向家庭或社会团体，开发家庭式农园。该地域农地破碎但交通便利，农园使用率高，租金收入可用于绿地养护。欧洲市民农园单元规模大、租期长，与我国城市土地紧张状况不符，可根据市情，在租期设定、单元规模、建筑物许可、配套公共服务等方面深入研究，有针对性地制定相关政策。

城市远郊可参考东亚模式，引导和支持农民、合作社与集体组织参与市民农园建设，政府在规划引导、项目补贴等方面给予扶持。利用农村田园风光、乡土文化，将农事劳作与观光度假、养生养老、创意农业、传统工艺等结合，形成复合型乡村体验综合体[56]。

思考题

1. 结合教材内容，谈谈你对都市农区范围的判断及其依据。

2. 请简要分析都市农业中节点、线路、网络和域面之间的联系。

3. 请以任一都市农业园区为例，描述其功能结构与形态特征，并提出优化改进的建议。

4. 思考名优农产品产业化推进对都市农业发展的影响，如何在实践中推动其发展。

5. 辨析市民农园型模式的优势和挑战，提出可以实施的改进措施。

参考文献

[1] 周培. 都市现代农业结构与技术模式[M]. 上海：上海交通大学出版社，2013.
[2] 何珊珊，徐浩. 荷兰绿心农业与景观对"脱钩支付"的响应探究[J]. 上海交通大学学报(农业科学版)，2019，37(6)：116－126，174.
[3] 霍尔. 世界大城市[M]. 中国科学院地理研究所，译. 北京：中国建筑工业出版社，1982：53－54.
[4] 何珊珊. 21世纪以来荷兰"绿心"产业与生态景观变迁对上海崇明岛的借鉴研究[D]. 上海：上海交通大学，2019.
[5] 温锋华，姜玲. 京津冀区域国土空间协同治理：历程、特征与趋势[J]. 城市发展研究，2020，27(4)：49－54.
[6] 吴传均. 现代经济地理学[M]. 南京：江苏教育出版社，1997.
[7] 陆玉麒. 区域发展中的空间结构研究[M]. 南京：南京师范大学出版社，1998.
[8] 甄峰，曹小曙，姚亦锋. 信息时代区域空间结构构成要素分析[J]. 人文地理，2004，19(5)：40－45.
[9] 刘世梁，侯笑云，尹艺洁，等. 景观生态网络研究进展[J]. 生态学报，2017，37(12)：3947－3956.
[10] 蔡建明，罗彬怡. 从国际趋势看将都市农业纳入到城市规划中来[J]. 城市规划，2004(9)：22－25.
[11] 发展都市农业的重要意义[EB/OL]. (2012－04－24)[2020－07－19]. http://www.moa.gov.cn/ztzl/jlh/zlzb/201204/t20120424_2610382.htm.
[12] 吴莉娅，顾朝林. 全球化、外资与发展中国家城市化：江苏个案研究[J]. 城市规划，2005，29(7)：28－33.
[13] 陈修颖. 区域空间结构重组：理论基础、动力机制及其实现[J]. 经济地理，2003，23(4)：445－450.
[14] 何胜，唐承丽，周国华. 长江中游城市群空间相互作用研究[J]. 经济地理，2014，34(4)：46－53.
[15] 吴轶韵，俞菊生. 城市化进程中我国都市农业发展趋势研究[J]. 上海农业学报，2010(01)：16－19.
[16] 吴方卫. 都市农业发展报告(2008)[M]. 上海：上海财经大学出版社，2008.
[17] 乌尔曼. 从空间的相互作用看地理学[J]. 地理译报，1986(2)：36.
[18] 陈修颖. 区域空间结构重组理论与实证研究[M]. 南京：东南大学出版社，2005.
[19] 李强，周培. 农业多元功能耦合与都市型农业生产结构优化[J]. 中国农学通报，2012，28

(2):103－108.
[20] 都市农业可持续发展的基本理论[EB/OL].(2012－04－24)[2020－07－23]. http://www.moa.gov.cn/ztzl/jlh/zlzb/201204/t20120424_2610399.htm.
[21] 甄峰.信息时代的区域空间结构[M].北京:商务印书馆,2004.
[22] 闫卫阳,王发曾,秦耀辰.城市空间相互作用理论模型的演进与机理[J].地理科学进展,2009,28(4):511－518.
[23] 周立三.中国农业地理[M].北京:科学出版社,2000:7.
[24] 李娜,徐梦洁,王丽娟.都市农业比较研究及中国都市农业的发展[J].世界农业,2006(5):1－3.
[25] 农业部市场与经济信息司.都市农业与城郊农业的联系与区别[EB/OL].(2012－04－24)[2024－01－20]. http://www.moa.gov.cn/ztzl/jlh/zlzb/201204/t20120424_2610441.htm.
[26] 韩长赋.抓住机遇 乘势而为 推动大城市率先实现农业现代化[EB/OL].(2014－04－28)[2023－11－20]. http://finance.people.com.cn/n/2014/0428/c47807－24952900.html.
[27] 杨志恒,董彦岭.发展现代都市农业促进城乡产业融合[EB/OL].(2020－08－26)[2023－12－08]. https://news.e23.cn/jnnews/2020－08－26/2020082600201.html.
[28] 全国农业区划委员会《中国综合农业区划》编写组.中国综合农业区划[M].北京:北京农业出版社,1981:189－192.
[29] 上海交通大学都市农业评价课题组.中国都市现代农业发展报告(2017)[R].上海:上海交通大学,2017.
[30] 上海交通大学都市农业评价课题组.中国都市现代农业发展报告(2019)[R].上海:上海交通大学,2019.
[31] 黄国桢,刘春燕,徐浩,等.城市功能区视角下的都市农区研究[J].中国农学通报,2013,29(5):103－108.
[32] 李强,周培.都市型农业的概念、属性与研究重点[J].农业现代化研,2011,32(4):428－431.
[33] 徐隽.撤县设区,需要冷思考(鉴政)[N].人民日报,2015－10－14(17).
[34] Squires G. Urban sprawl: causes, consequences & policy responses [M]. Washington DC: Urban Institute Press, 2002.
[35] Inwood S M, Sharp J S. Farm persistence and adaptation at the rural-urban interface: succession and fam adjustment [J]. Journal of Rural Studies, 2012,28:107－117.
[36] 华熙成.上海市郊区农业区位模式及农业生产问题的探讨[J].经济地理,1982,10:175－181.
[37] 吴梅东.放眼新世界 5－南美[M].台湾:锦绣出版事业股份有限公司,1996:84.
[38] 朱蕾,田克强.基于功能分异的都市农业发展模式研究[J].农业工程学报,2019,35(10):252－258.
[39] 冯海建.城市化对都市农业功能影响的空间差异性研究[D].西安:陕西师范大学,2015.

[40] Henk de Zeeuw. Policy measures to facilitate urban agriculture and enhance urban food security [J]. Urban Agriculture Magazine, 2003, World Summit Special:9 - 11.
[41] Diehl J A, Sweeney E, Wong B, et al. Feeding cities: Singapore's approach to land use planning for urban agriculture [J]. Global Food Security, 2020(26):100377.
[42] 王晓静,张玉坤,张睿. 国外城市内部空间与都市农业的整合设计实践及思考[J]. 国际城市规划,2019,34(2):142 - 148.
[43] 宋志军,刘黎明. 目前我国都市农业空间格局上的"逆现代化"现象刍议[J]. 江西财经大学学报,2015,102(6):95 - 101.
[44] 唐茂华. 成本收益双重约束下的劳动力转移[J]. 中国农村经济,2007(10):30 - 39.
[45] 罗长海. 都市农业及其空间结构[J]. 安徽农业科学,2009,37(34):17102 - 17103.
[46] 约翰・冯・杜能. 孤立国同农业和国民经济的关系[M]. 北京:商务印书馆,1986:223 - 227,311 - 313.
[47] 田洁,刘晓虹,贾进,等. 都市农业与城市绿色空间的有机契合——城乡空间统筹的规划探索[J]. 城市规划,2006,30(10):32 - 35,73.
[48] 张益新. 欧洲农牧种养平衡一体化模式对江苏现代农业的启示[J]. 江苏农村经济,2008(1):27 - 29.
[49] 刘艳芳,孔雪松,邹亚锋. 不同农村居民点整理模式下的耕地潜力评价模型[J]. 武汉大学学报(信息科学版),2011,36(9):1124 - 1128.
[50] 陈晓键,陈宗兴. 陕西关中地区乡村聚落空间结构初探[J]. 西北大学学报(自然科学版),1993(5):478 - 485.
[51] 李军. 基于中心地理论的农村居民点的空间布局优化研究——以新郑市为例[D]. 郑州:河南农业大学,2017:20.
[52] 魏蕾,徐浩,刘明五. 农业科技园区推动地标农产品产业化研究[J]. 上海交通大学学报(农业科学版),2017,35(1):66 - 71.
[53] 边玉卿,徐浩. 上海休闲农业距离分布特征[J]. 上海交通大学学报(农业科学版),2017,35(5):57 - 63.
[54] 边玉卿. 上海市休闲农业空间布局研究[D]. 上海:上海交通大学,2017:42.
[55] 蔡建明,杨振山. 国际都市农业发展的经验及其借鉴[J]. 地理研究,2008,27(2):362 - 374.
[56] 周慕华,徐浩. 我国市民农园发展的国际经验借鉴[J]. 上海交通大学学报(农业科学版),2018,36(3):80 - 85,96.

第4章　都市农业结构论

从狭义的角度讲，农业产业结构是指在一定地域（地区或农业企业）范围内农业各生产部门及其各生产项目在整个农业生产中相对于一定时期、一定自然条件以及社会经济条件所构成的特有的、比较稳定的结合方式。如果从更广义的角度看，农业产业结构不仅可以从产业构成角度出发，研究某一区域内四大农业产业（农业、林业、畜牧业和渔业）各自占据的组成比例，还可以从整体产业发展角度，研究农业产业结构与其他产业的产业结构之间的关系[1]。由此，作为农业特殊类型的都市农业，其结构主要指在特定的都市区域范围内农业各部门，以及农业与其他产业在当地经济结构中所占的比例关系。

作为现代农业的三大板块之一，都市农业生产结构受两大因素的制约：约束条件与功能目标。一方面，都市农业的目标功能是满足城市居民需求，需要实现什么样的功能，就确定什么样的生产结构。另一方面，生产结构的确定又不能从功能目标出发为所欲为，还受约束条件的制约。农业资源禀赋等约束条件直接制约生产结构，并间接制约功能目标。生产结构的两大制约因素需要进行必要的协调，而这种协调在一般情况下只能功能目标适应约束条件。制定功能目标乃至确定生产结构的主观决策行为，必须尊重客观存在的约束条件[2]。这就决定了都市农业的生产结构必然区别于传统农业，具有其特殊性。本章就都市农业生产结构加以详细阐述。

4.1 都市农业生产资源

都市农业结构是都市地区农业资源要素配置的集中体现，受特定区域的生产资源禀赋所影响和制约。

4.1.1 都市农业自然资源

农业自然资源含农业生产可以利用的自然环境要素，如土地资源、水资源、气候资源和生物资源等。土地资源是农业最重要的自然资源之一，但是对于都市农业，随着城市的发展和土地的开发，耕地资源愈发稀缺。过去十年的发展表明，城市扩张的速度高于人口增长。预计到 2030 年，发展中国家城市建成区面积甚至会是目前的 3 倍，而人口则仅为目前的两倍[3]。大量肥沃的耕地会因城市的发展和建设而消失。以洛杉矶为例，该地区道路密布，是耕地被道路建设占用的典型案例，辖区多达 14%的土地已用作停车场[4]。

在中国，多数城市的耕地面积不超过城市总面积的 30%（见表 4-1）。数据显示，截至 2020 年，我国 36 个大中城市耕地面积约占城市总面积的 29.7%。且这些耕地多分布于城市远郊地区，中心城区耕地面积极少，都市地区的农业空间极其有限。

表 4-1　2020 年中国 36 个大中城市耕地面积及占比

城市	土地面积/千米^2	耕地面积/千米^2	耕地面积比重/%
北京	16410	940	5.7
天津	11967	3300	27.6
石家庄	14060.14	6650	47.3
太原	6988	1080	15.5

续 表

城市	土地面积/千米^2	耕地面积/千米^2	耕地面积比重/%
呼和浩特	17 200	5 560	32.3
沈阳	12 860	7 490	58.2
长春	20 594	17 610	85.5
哈尔滨	53 076.5	20 070	37.8
上海	6 340.5	1 940	30.6
南京	6 587.02	2 350	35.7
杭州	16 850	2 730	16.2
合肥	11 445.06	4 860	42.5
福州	11 968	1 480	12.4
南昌	7 194.61	2 520	35.0
济南	10 244	4 260	41.6
郑州	7 440	2 840	38.2
武汉	8 569	2 940	34.3
长沙	11 816	2 080	17.6
广州	7 434.4	880	11.8
南宁	22 099	9 770	44.2
海口	2 290	490	21.4
重庆	82 370	23 700	28.8
成都	14 335	4 970	34.7
贵阳	8 043.37	2 560	31.8
昆明	21 012.53	3 900	18.6
西安	10 752	2 380	22.1
兰州	13 085.6	2 610	19.9
西宁	7 606.75	1 450	19.1
银川	9 025.38	1 420	15.7

续　表

城市	土地面积/千米^2	耕地面积/千米^2	耕地面积比重/%
乌鲁木齐	13 788	740	5.4
大连	12 574	4 150	33.0
青岛	11 293.36	5 160	45.7
宁波	9 816	2 180	22.2
厦门	1 700.61	190	11.2
深圳	1 997.47	50	2.5
拉萨	29 500	440	1.5
合计	530 333.3	157 740	29.7

水资源是另外一个重要问题。都市农业用水要与城市生产生活用水通盘考虑，因此水资源的获得和节约利用是问题的关键。在我国的一些城市，水资源承载力已经超负荷运行，如北京市，通过南水北调工程和本身采取节约措施，才使北京市水资源承载力得到缓解。在此基础上发展都市农业必须加强管理，统筹布局，形成融生产性、生活性、生态性于一体的系统布局[5]。

都市农业的发展除了都市地区农业自然资源可获得性差以外，还存在土壤和水体等资源的污染问题。这些污染主要指重金属、农药、抗生素和持久性有毒有机物等污染物质进入土壤和水体中，并且超出自然资源的自净能力，导致土壤和水体的物理、化学和生物性质发生改变，降低农作物的产量和质量，危害人体健康。自然资源的污染问题在都市地区更为严重，需要采取有效措施加以控制和改善。这也成为许多国家发展都市农业面临的主要困境。

4.1.2　都市农业劳动力

人类社会经济发展的经验表明，城市劳动力结构发生着巨大的变化。

1950 年,大约 30%的人口居住在城市地区,到了 2020 年,城市人口占总人口的 63.89%。预计到 2050 年,68%的人口将居住在城市地区。在城镇化推进和人口增长的双重作用下,到 21 世纪中叶,全球城市将增加 25 亿人口,其中 90%将发生在亚洲和非洲两个城镇化速度最快的地区[6],给这些地区的城市食物供给带来前所未有的压力。目前,很多国家正试图通过发展都市农业来缓解压力。FAO 数据显示,全球有 8 亿人在从事都市农业活动,近 10 亿人在城市内部和周边地区进行作物种植和牲畜养殖。但这里的都市农业从业者与我国的情况不同。

我国人口的二元结构和城市区划,决定了我国城市地区依然有较多的农业人口。统计数据表明,截至 2020 年,36 个大中城市中一产从业人员占城市常住人口数量的 7.1%。一方面,我国城市地区依然有农业劳动者,可以为都市地区生产农产品。另一方面,我国的农业现代化程度不高,农业劳动力普遍存在老龄化和个人素质偏低的问题。以上海为例,有研究表明,户籍务农劳动力的年龄构成高度集中于中老年年龄段,占全部户籍农业劳动力的 70.43%。同时,农业劳动力的文化程度明显偏低。与其他主要行业的从业者的文化程度相比,农、林、牧、渔业劳动力的文化程度是最低的,绝大部分都集中在初中及以下文化水平。高达 8.48%的劳动力没有上过学;初中文化程度占比最高,为 43.81%[7]。这体现出农业劳动力整体素质偏弱,文化和技能结构明显偏低,不利于农业先进技术推广,制约了农村经济发展和都市现代高效生态农业的发展。

4.1.3 都市农业科技水平

科学技术是农业生产资源的重要组成部分,其作用主要表现为:渗透到劳动资料中,使劳动资料特别是生产工具不断更新,使生产力跃进到新的高度;渗透到劳动对象中,使劳动对象种类增加、质量提高,从而促进生产力不断发展;渗透到劳动者中,使劳动者素质不断提高,创造出新的劳动资料和劳动对象,使它们得到更有效的利用。

都市农业是运用高新科技的生态绿色产业,将生物、电子、自动控制、机械、互联网等高新技术应用于都市农业的生产、管理和销售。而城市中的众多科研院所、大专院校和相关企业为都市农业的科技发展提供了持续发展的人才和技术。同时,前面也表明,城市先进的科学技术为都市现代农业发展提供了条件。城市非农产业的发展聚集了科学技术等大量先进生产要素,由于市场竞争加剧,这些先进生产要素在非农产业中的收益率逐渐下降。但是对于相对落后的农业产业来讲,这些先进生产要素能够大幅度提高农业生产效率。随着城市对农产品需求的不断增加,以科学技术为代表的先进要素能够获得比在非农产业中更高的收益率。因此,随着城市化的快速发展,科学技术等先进要素存在进入农业产业获利的动机。从农业角度讲,基于大城市郊区的区位优势,其都市现代农业发展将首先获得这样的机遇[8]。

数据显示,2022 年约一半大中城市农业科技进步贡献率高于 62.4%的全国平均水平,其中上海位居全国 36 个大中城市榜首,领衔北京、南京、青岛和宁波等城市,与发达国家农业科技 70%～80%的贡献率水平持平。

根据都市现代农业发展和农业科技发展的趋势,都市农业应重点围绕以下 4 个方面推进科技发展。第一,围绕生态文明建设,推进资源节约技术和清洁生产技术的重大突破。生态文明建设是新时期面对严峻的资源环境形势而提出的重大国家战略,农业的特殊性决定了农业在生态文明建设中具有特别重要的地位。第二,围绕农产品质量安全,推进生境控制技术和信息追溯技术的广泛应用。农产品质量安全是重大民生问题,并突出表现在都市农产品的供应体系中。对于都市庞大而复杂的农产品供应体系,如何有效保障质量安全是一个巨大工程,但源头安全和过程透明是两大关键支柱。第三,围绕核心能力提升,推进种源技术和智慧农业技术的大力发展。种源技术和智慧农业技术对农业核心能力的提升具有基础支撑作用,拥有资本科技优势的都市农业应该担此重任。都市农业可结合都市优势产业大力投入种源技术和智慧农业技术,避免生产体系的寄生性。第四,围绕产销体系优化,推进电子商务技术和物流技术的系统集成。农产品的易腐性和复杂性使农产品的产销体系要比一般工业产品复杂得多,这也是其运销成本占价格的比重远高于工业产品的重要原因。产销体系的优化可大幅降低运销成本,从而降低农产品的价格[9]。

4.1.4 都市农业资金投入

与科学技术一样,资本作为先进要素在城市中集聚,有利于都市农业的持续发展。然而,众多研究表明,位于城市和城市周边的都市农业的资金来源普遍受限。国际都市农业研究组织 RUAF 在 2008—2010 年调查了拉丁美洲、亚洲和非洲的 17 个城市,提出资本投入受限已成为阻碍都市农业发展和升级的主要瓶颈。为此,政府、银行、国际机构应给予都市农业全程支持,国家和地方政策需要给予强有力的和明确的补贴政策[10],以促进都市农业的健康可持续发展。

在资金投入方面,我国对都市农业的支持力度相对较大。与国外相对分散的都市农业发展不同,都市现代农业在我国已经初步形成规模。2011 年国务院正式发布《全国现代农业"十二五"规划》,提出大城市郊区农业(即都市农业)与优势农产品生产区、特色农产品生产区农业一起构成了我国现代农业"三大板块"。2012 年 4 月,农业部在上海召开全国都市现代农业现场交流会,第一次将发展都市现代农业提升到国家层面,指出"十二五"总体目标是把都市农业区建设成为城市"菜篮子"产品重要供给区、农业现代化示范区、农业先进生产要素聚集区、农业多功能开发样板区、农村改革先行区,率先实现农业现代化[11]。都市现代农业已经嵌入到国家农业现代化规划中,更有利于其获得国家和地方政府的资金支持。

以上海为例,2015 年 1 月,上海市被农业部认定为国家现代农业示范区,率先在全国整建制建设国家现代农业示范区,通过两个三年行动计划(2015—2017 年,2018—2020 年)分步推进落实各项建设任务。为解决制约都市现代农业发展的瓶颈问题,设施装备建设、产业水平提升等 9 大类 42 个项目被列为《上海市都市现代绿色农业发展三年行动计划(2018—2020 年)》的重点项目,项目总投资为 138.06 亿元,其中农业项目为 49.91 亿元,农林水项目为 73.4 亿元,农业环保项目为 14.75 亿元。都市农业遇到前所未有的发展机遇。

近年来,依托大城市的科技、人才、资金、市场优势,在城市郊区进行集约化农业生产,为城市提供优质农产品、优良生态环境,并具有休闲娱乐、旅游观光、教育和创新功能,已成为我国大中城市发展都市现代农业的普遍共识。与此同时,由于都市农业在自然资源、劳动力水平、科学技术和发展资金方面的特殊条件禀赋,也形成了都市农业不同于传统农业的产业结构。

4.1.5　案例:新加坡资金密集型都市农业

新加坡作为一个城市国家,素有“花园城市”之美誉,其农业是典型的都市农业,且为资本密集型农业。那里土地与水资源非常有限,几乎没有农村,农业在三大产业中所占比重极低(不到 1%),2013 年农业用地面积 675 公顷,所需食品的 90%均需从国外进口。

新加坡本地只生产少量蔬菜、花卉、鸡蛋、水产品和乳制品等,资料显示,该国 2013 年生产近 22 000 吨蔬菜,多达 514 574 吨蔬菜全靠进口。新加坡主要进口的蔬菜有土豆、洋葱、生菜等,主要蔬菜进口国依次是马来西亚、中国和澳大利亚等。加上城市化发展后耕地不断减少,因此非常重视都市农业向高科技、高产值发展。

现代化集约的农业科技是新加坡的重点都市农业模式。新加坡都市农业的发展以追求高科技和高产值为目标，以建设现代化的农业科技园为载体，最大限度地提高了农业生产力。农业科技园的基本建设由国家投资，然后通过招标方式租给商人或公司经营，租期为10年。其中有一个用气耕法（即在有空调设施的温室内种植植物，根部暴露在空气中，每隔5分钟喷洒含营养物质和肥料的制成雾水的冷水，不喷农药）种植蔬菜的农场，它是世界上第一个在热带国家以气耕法来种植蔬菜、生产富有营养且安全的新鲜蔬菜。蔬菜的生长期由土耕法的60天缩短到30天，只是此种方式成本较高，当然如果生产高档蔬菜则优于进口。

1. 蔬菜农场

2014年8月，日本电子业巨头松下公司宣布为新加坡的日本餐厅大户屋商业化试点提供其首个获得新加坡授权的室内蔬菜农场生产的蔬菜。松下在新加坡的室内蔬菜农场的面积为248米^2，位于市郊的一处厂房内，由粉紫色的LED灯照明代替传统荧光灯照明，以利于植物生长。目前该室内农场的蔬菜年产量为3.6吨，可生产包括小红辣椒和小菠菜在内的10种蔬菜。松下公司对游客进行了限制，以保证温度、湿度以及二氧化碳含量的水平。室内农场的生产有效补充了蔬菜供给，其价格只有从日本空运来的一半。

2. 垂直农业

“垂直农业”这一概念最早由美国哥伦比亚大学教授迪克逊·德斯帕米尔提出。他的想法是：在城市里30层以下高度的建筑上生产食物（包括养殖鱼类和家禽）来供给附近居民。这座构想中30层楼高的“垂直农场”的动力能源取自太阳能、风力及不可食用的植物废料，并用污水来灌溉。他设想这种垂直农场可以栽种包括草莓、蓝莓甚至小型香蕉在内的100多种不同的水果及蔬菜，每年可为5万人提供足够的食物和水。人们还可以在封闭的灌溉系统中循环用水以减少用水量，避免径流造成土肥流失，运输费用也将趋近于零，更重要的是，还能减少将蔬菜和水果从距离城市很远的地方运送过来所产生的二氧化碳。

新加坡地价高昂，垂直农业也许是其最为可行的选择。2012 年，新加坡首家用垂直技术种植蔬菜的“天鲜农场”正式面世，至今已有逾 300 家垂直农场。目前，世界上第一座垂直农场 EDITT 大厦也在新加坡得以建成。它高 26 层，覆盖了大量的太阳能电池板，每层楼几乎都是一个大型的温室，而且尽量采用水培的方式来种植。现在 EDITT 大厦 40%的供电量由太阳能完成，并且在材料上使用大量的可再生材料，还安装了雨水循环系统。

4.2　都市农业种养产业结构

气候变化与城市发展密切相关。进入 20 世纪以来，城市建成区快速扩张，作为人类活动的主要场所，城市发展的可持续性面临越来越多的挑战。目前，城市地区消耗了全球约 80%的能源，而大约 70%与能源相关的全球温室气体(GHG)来自城市。据估算，未来能源利用产生的二氧化碳将有 90%来自发展中国家，特别是亚洲和非洲一些快速发展的城市[12]。此外，很多城市由于管理不当还造成了氯氟烃和甲烷排放[13]。发展中的城市已然要面对众多挑战，比如住房、基础设施、工作机会，以及充足的、安全的、有营养的、在市民支付范围内的食物。更重要的是，城市还要面对环境变化和环境相关的灾害威胁。近年来，各国政府已经意识到城市自身对环境变化的影响，共同制定了应对国家和国际环境变化的战略。

面对各种环境问题，城市站在了寻求解决方案的最前沿。自 1992 年联合国里约热内卢地球峰会以来，世界各国大大小小的城市提出了越来越多的跟 21 世纪议程相关的提议。一些联合组织在各国城市的推动下纷纷建立起来以解决环境问题，包括大都会联盟、国际地方环境倡议理事会以及 C40 城市环境领导组织。截至 2018 年年底，在各个城市的共同努力下，温室气体排放量比 5 年前的最高值下降了 10%。此外，全球大约 1 000 个城市加入了联合组织，共同致力于研究设计可持续发展战略，抵制环境问题，减少石油依赖。这些联合行动形成了能够影响国家和国际政策制定的政治力量，信心坚定地寻求城市可持续发展的道路，同时，也引导城市重新看待农产品生产问题，重新考量其农业政策，并推动形成了《米兰城市食品政策公约》。2022 年，签署公约的 260 个城市承诺要促进城市食品体系的可持续发展。其中，都市农业为应对这类挑战、建设可持续的城市提供了解决方案，包括以下几方面。

4.2.1 都市农业促进生态建设

都市地区生态种植是一种在城市环境中进行种植和农业活动的方式，旨在改善城市生态环境、提供食物和增加居民与自然的联系。垂直农场、屋顶花园、城市农场、社区园艺、城市林地等构成了都市农业区别于传统农业的种植结构和农业形态。

加拿大多伦多将都市农业纳入城市气候变化行动，包括到 2020 年增加 1 倍财政支持，用于已有的树冠项目，如社区果园和花园、家庭园林等，并促进有机堆肥和雨水收集。它还包括运用不同方式减少城市的“食物足迹”，如要求食物标签上标注运输距离，促进地方产品生产，支持农贸市场和优惠采购本地农产品。

在布基纳法索的博博迪乌拉索，1991—2013 年，城市化造成地表温度大约每年上升 6%，这个城市目前鼓励在城市空地(绿道)开展农业活动，同时保护城郊森林以降低温度。绿道种植了不同种类的果树，并留有果树的生长空间。参与的居民增加了新鲜蔬菜的摄入量，同时也减少了食物花费。博博迪乌拉索的新政策还包括将农业林地和园地纳入城市土地利用。

近年来，我国农业资源与环境面临耕地数量减少、质量下降、农业面源污染加重等问题，农业生态环境成为突出短板。为此，中国各地均开展并摸索出不同的循环农业发展模式，传统的农业在城市的地位和社会发展过程中所扮演的角色发生了改变，由原来的以生产为主的城郊型农业向体现生产、生态、生活为主的都市型农业转变，农业更多地发挥了其不同的功能性。

例如，苏州市始终坚持走都市农业、规模农业、生态农业之路，通过服务都市、延伸产业链条有效提高了农业竞争力和附加值。苏州市以平田整地为手段，将苏州市水稻种植面积从 2020 年的 71 266.67 公顷提高到 2021 年的 72 593.33 公顷；2020 年，苏州市成为全国首个国家级智慧农业试点城市；2021 年，苏州市开展高标准农田改造提升示范区建设，升级高标准农田 1 333.33 公顷。根据国家统计局最新公布的数据，2022 年苏州市粮食总产量达到 92.4 万吨，同比增长 2.24%。

4.2.2　都市农业改变种植结构和方式

运用循环经济理念，改变传统农业生产种植模式，已经成为中国都市农业发展的必然选择，同时也成为实现农民增收，郊区农业生态综合效益提升的极为有效的手段。上海发展都市型郊区循环农业，实施“循环经济”战略，是提高上海土地产出力和社会综合价值的重要战略选择。例如，崇明区开展菜蚓鳝立体种养模式，推广“龙头企业＋合作社＋农户”的模式。据估计，菜蚓鳝模式每推广 667 米^2，可以解决农村剩余劳动力 0.2 个，若每年推广 200 公顷，即可解决 600 个农村劳动力的就业问题。菜蚓鳝立体模式的全面实施与推广，可以吸引农户学习新型农业技术与模式，促进农业模式的转型与升级。

北京、南京、深圳、武汉等在发展都市型郊区循环农业方面取得了一定的进展，北京发展出都市农业复合模式，南京提出了休闲观光农业模式等，这些都市型循环农业模式取得了很好的社会、经济以及生态效益。

在城市中心和居民密集的地方,一些城市还鼓励发展屋顶花园,以增加屋顶花园下公寓的舒适度。加拿大温哥华的发展方案说明,如果城市一半的可利用屋顶空间都用来发展都市农业,可以为 10 000 人提供 4%的食物。再加上水培温室,这个数字可以达到 60%。尼泊尔加德满都大都会地区从 2012 年开始推广屋顶花园。通过废弃物循环利用,城市垃圾的填埋量急剧减少。加德满都培训了 500 户居民开展屋顶种植,建设屋顶示范园,制定屋顶花园政策。2014 年,加德满都与联邦事务部签订协议,保证到 2016 年至少 20%的住户可以在自家屋顶种植蔬菜。

其他城市也以各自的方式发展都市农业。塞拉利昂首都弗里敦将所有的湿地和低谷划定为都市农业发展区,同时增强透水能力,减少洪涝灾害,并保持洪水泛滥区没有合法和非法的建筑物。斯里兰卡的克斯贝瓦和阿根廷的罗萨里奥就是通过保留和保护河岸的绿地和耕种区来减少洪水危害的。

4.2.3 都市农业促进资源有效利用

经济持续高速增长后,一些结构性及深层次问题逐步显露出来,人口规模巨大,土地资金紧缺,资源利用率偏低,环境污染整治任务加重。人们活动中产生的废弃物和排热现象凸显,包括食物垃圾、有机肥料、人工废热能等。目前,全球 25%的温室气体排放是由农业生产引起的,农化物的使用不当加剧了空气、土壤和水污染。这些因素的叠加迫使我们重新思考资源管理方法,重新构想种植或饲养食物的方式,提高农业生产效率,推进农业转型升级,要求我们建立优化的、基于资源有效利用的农产品生产体系,尤其是在城市地区。

都市农业有很好的生态环境效益,包括生态多样性维持、废弃物再利用和再循环、局部气候改善、城市碳排放减少、边缘和废弃地段的再利用等。例如,给家庭住宅规划一定后院,或给社区规划一定地块,在城市中心、周边规划农业地块或建立农业公园。都市农业吸收人们活动排出的二氧化碳，促进作物生长，将废弃物堆肥化并利用起来，促进资源的循环和能源的优化利用。同时，利用废厂、废旧设施等闲置空间和设施作为农业生产基地，不仅有利于都市的食品安全，而且还能有效利用资源，推动实现可持续的环境共生城市。在设施园艺、植物工厂等需要消耗电力的设施农业生产中，可利用很多如太阳能等再生能源，结合地下热交换等节能技术，促进能源高效利用。

不少城市将都市农业纳入其可持续和低碳发展方案。例如作为城市总体规划（2005—2020 年）的一部分，北京明确提出保护农田和绿地，指定永久性城市边缘的绿地和廊道的区域，促进废水排放回收和雨水收集，保护森林地区和公园，并对节能生产进行认证和补贴。

其他国家中，以法国为例，尽管没有要求这样做，但是 30%的法国家庭会将生物废物从源头开始分离。早先，这些是当地政府要求采取的临时性措施，但是现在城市堆肥正在兴起。这主要源于都市农业项目，因为生物堆肥可以用于都市农业。2015 年，一个法国人一年平均生产 437 千克生活垃圾。其中一半可以循环利用，1/3 为生物废物[14]。因此，堆肥可以促进废弃物循环利用。

美国将高精度、可现场部署的生物传感器广泛应用于农业领域，主要集中在对单个特征如温度、湿度等的测量上。新一代传感器技术不仅包括对物理环境、生物性状的监测和整合，还包括运用材料科学、微电子、纳米技术创造的新型纳米和生物传感器，对诸如水分子、病原体、微生物在跨越土壤、动植物、环境时的循环运动过程进行监控。新一代传感器所具备的快速检测、连续监测、实时反馈能力，将为系统认知提供数据基础，在出现病症前就能发现问题、解决问题。传感器能提高饲料效率和养分利用率，提高生物对环境和疾病的抵抗力，精准控制化肥农药等农业资源的投入。

日本则引入资源循环利用技术，如利用太阳能等再生资源来缓解资源环境约束。同时，引入使用自动化技术的营养液栽培技术，包括人工智能、物联网等，减少资源的浪费。引入节水节肥技术、“六次产业化”、植物工厂等，同步提高农业种植的经济效益和生态效益。

4.2.4 案例:都市农业生态种养

成都天府绿道是位于中国四川省成都市的一条城市绿道项目。该绿道全长约 90 千米，沿着成都市郊区的河流和湖泊延伸而建。它是一个集生态种养、休闲娱乐和文化展示于一体的城市绿地。

首先，天府绿道以生态种植为核心。沿线种植了大量的本地植物，如花草树木和湿地植物等。这些植物不仅美化了绿道环境，还提供了野生动物的栖息地。在种植过程中，注重选择适应当地气候和土壤条件的植物，以确保它们能够良好生长，并对当地生态系统产生积极影响。

为了实现生态种植的可持续发展，天府绿道采用了可持续的水资源管理措施。通过收集雨水和利用废水进行植物灌溉，实现了水资源的循环利用。此外，绿道还设置了雨水花园和湿地过滤系统，用于净化雨水和废水，保护当地水体的水质。这些措施不仅节约了水资源，还提高了绿道的生态效益。

其次，天府绿道引入了种养循环的理念。在绿道附近建设了农田和养殖场，实现农业和养殖废弃物的资源化利用。农田种植蔬菜和水果，养殖场饲养家禽和畜牧动物。这些农田和养殖场通过生态种养循环系统相互关联，形成了一个闭合的生态循环。

农田的有机废弃物被用作养殖场的饲料，养殖场的粪便和废水则被用作农田的肥料和灌溉水源。这种种养循环不仅有效地解决了农业和养殖业废弃物处理的问题，还减少了对化肥和农药的需求，降低了农业和养殖业对环境的负面影响。

种养循环的实施不仅带动了当地农民的收入增长，还促进了农业和养殖业的可持续发展。通过与当地农户合作,绿道项目提供了技术指导和市场渠道,帮助他们改善种植和养殖技术,并将产品销售到绿道沿线的休闲娱乐区和周边社区。这种农业和养殖业的发展模式既满足了市民对安全健康食品的需求,又为农民创造了可持续的经济收入。

除了生态种植和种养循环,天府道还提供了丰富多样的休闲娱乐和文化展示设施。沿线设置了步道、自行车道和跑步道等运动设施,方便市民进行户外活动。此外,绿道建有休息区、景观观赏点和文化展示区,展示了成都的历史文化和自然风光,加强了游客的体验和参与感。

总之,成都天府绿道通过将生态种植、种养循环和休闲娱乐相结合,创造了一个特别的城市绿地空间。它不仅为市民提供了亲近自然、放松身心的场所,还促进了农业养殖业的可持续发展,实现了资源的循环利用。这个案例体现了城市绿地规划中生态保护、资源利用和社会参与的重要性。成都天府绿道的成功经验可以为其他城市在城市绿地建设中提供借鉴和启示。

4.3　都市农业三产融合

农村一二三产业融合是以富裕农民为目的、以拓展农业为手段、以振兴乡村为基础,通过促进生产要素流动,实现产业复合与重构,催生新业态,形成产业聚合体的综合发展过程,是实现农业农村现代化的有效途径。“十四五”规划和 2035 年远景目标纲要中针对三产融合也提出了明确要求[15]。解决“三农”问题,应提高农业质量效益,促进 3 种产业融合,延长产业链,向农民提供更多的就业机会,使农民得到更多的实惠。2019 年中国现代都市农业竞争力综合指数包含 7 项一级指标,其中权重最大的是三产融合能力,指数权重为 0.19,说明了产业融合对于都市农业产业发展的重要性[16]。

都市农业在满足人民休闲需求的同时,也改变了农业产业结构,将农业从第一产业向第二、三产业拓展，并通过三产融合不断延长农业产业链，开拓发展农业新功能，从而提高农业的综合效益。在促进农业提质增效、带动农民就业增收、扩大居民消费需求、传承农耕文明、建设美丽乡村、推动城乡一体化发展等方面发挥了重要作用。

4.3.1 第六产业的发展

日本是较早提出农村三产融合发展的国家，其“六次产业化”的概念和实践给各个地区的乡村发展提供了宝贵的经验。

“第六产业”概念源于日本。日本是最大的粮食进口国之一，日本的消费者得益于进口农产品丰富的品种和低廉的价格，使得本国农业萎缩。为了振兴本国农业，政府提出了发展“第六产业”的思路。第六产业就是用农产品将农业生产、加工、零售活动结合在一起，以提高农业附加值。在日本，“第六产业”即将第一、二、三产业相乘。早期的第六产业是指第一、二、三产业相加。然而，第一、二、三产业中的任一项缺失，其结合就没有任何意义。因此，“六”就变成了 3 者相乘得到的结果。

早期的三产结合活动的主要目的是通过农、林、渔业的多样化形成食物供给体系，将农、林、渔业结合起来。农产品的直接销售、从农场直供、在农民餐厅消费及现场的采摘都属于“第六产业”的范畴。

“农业第六产业化”发展事业作为韩国的国家战略计划，是指以农民为中心，依托农村拥有的有形和无形资源，将农产品或农特产品（第一产业），制造业及加工业（第二产业），包括流通、销售、旅游观光、休闲体验等行业在内的服务业（第三产业）进行融合和复合，创造具有新附加值的一种经济活动，是经营多元化和垂直系列化的结果。

其主要内容包括政策扶持、机构组织、法律法规支持、财政投资、认证程序及事后管理等全方位的支持。2013 年 10 月，韩国农林畜产食品部出台了

《第一个农村振兴基本规划(2013—2017 年)》,要求到 2017 年,要确定 50 个“第六产业区”和专业化农工园区,培育 1 000 个销售额在 100 亿韩元以上的“农业第六产业化”经营体,非农产业收入增长率从平均每年 4.6%提高到 7.5%。2014 年 12 月 30 日,韩国农林畜产食品部发布的《农林畜产食品部事业实施方针书》中,出台了“农村融合和复合产业激活支援事业”,该事业是专门为“农业第六产业化”具体发展提出的,主要内容有事业发展对象、支援资格及条件、支援对象、支援资金的使用用途、支援形态及事业名额共 6 项。其目的是通过激活“农业第六产业化”事业,以地方独特资源为中心,使整个产业价值链联系起来,提高农产品附加值。

为了具体促进“农业第六产业化”发展,韩国农林畜产食品部下属农村产业科作为总管理机构,每个省、市、县各设立第六产业主管科,形成直线制组织结构。农林畜产食品部、农村振兴厅、山林厅等 17 个中央政府部门、8 个省级地方政府以及 1 个直辖市,对财政、咨询、教育培训、出口、研究开发、申请认证及评价、事业及设施支援、营销及品牌设计、体验观光和地区开发共 10 个方面进行支援。财政支援方式包括补助和贷款两种方式。韩国第六产业化有严格的认证程序和事后管理,根据农林畜产食品部的相关政策,“农业第六产业化”认证程序分为 4 个阶段,为申请阶段、经营体认定阶段、制订详细计划及实施阶段、调拨资金阶段。事后管理分为 3 个阶段,即执行检查阶段、事后管理阶段,以及事业评估、回流阶段。

韩国“农业第六产业化”的实施,不仅给农民创造了工作机会,还给老年人和妇女创造了适当的工作机会,使其有稳定的收入,而且将体现地区特色的农产品与整个产业链联动,让农民积极地参与到生产、加工及销售等环节中,挖掘农村地区资源,开发能够反映现代社会特色的商品,增加产品附加值,提高农民生活质量,缩小城乡差距,实现城乡一体化发展。

4.3.2 对都市农业的启示

1. 通过农产品产销一体化提升农业价值

农业六次产业化发展过程中，特别注重对农产品生产、加工和销售等关联环节的整体优化，借此提升农产品附加值。围绕第一产业，日本通过颁布《农工商促进法》《农地法》等法律，加强各行业之间的联系；借助各类销售渠道实现农产品直销；联结餐饮服务、休闲旅游等第三产业，推动跨行业和多领域深度交叉合作；强化农工商之间的联系，实现农村各产业之间的有机整合。

2. 坚持城市需求导向差异化发展

在日本农业六次产业化发展过程中，农产品的生产、加工和销售整体上遵循“市场导向、坚持质优、差异发展”的策略。坚持以市场为导向进行产品研发和生产销售，注重农产品质量安全；在构建全渠道销售模式的同时稳步提高农产品就地转化率，力图将更多的产业利润留在本地；注重实施差异化策略，满足不同层次消费者需求，提高产品市场占有率。

3. 围绕农业主体发展各类相关产业

在日本农业六次产业化发展过程中，始终以农业为核心并发展各类相关产业。坚持以农业发展作为优先方向，坚持农业的主体地位不动摇。同时，积极拓展农业多功能性，结合地区经济、生态、服务等集成性功能优势，挖掘农产品生产加工过程中的多重价值，实现农业多种功能开发；积极开发农业生态功能，推进观光农业、创意农业发展，发挥农业在水土涵养、空气净化、景观布局等方面的价值。

4.3.3 中国都市休闲农业发展

都市农业作为城市文化与社会生活的组成部分，通过农业活动提供市民与农民之间的社会交往、精神文化生活的需要，如观光休闲农业和农耕文化、民俗文化旅游。休闲农业是以充分开发具有旅游价值的农业资源和农产品为前提,把农业生产、科技应用、艺术加工和游客参与融为一体的农业旅游活动[17]。

休闲农业的发展离不开几个关键因素。第一是城市需求。随着城市化的快速发展,城市人口规模迅速扩张,长期生活在城市的人由于受到城市环境、生活和工作的压力,渴望到农村观光旅游,欣赏大自然的美景。第二,经济的快速发展,为发展休闲农业提供了可靠的经济基础。根据国际经验,人均 GDP 达到 1 000 美元时,旅游需求急剧膨胀,但主要是观光性旅游的需求。人均 GDP 达到 2 000 美元时,将基本形成对休闲的多样化需求和多样化选择。人均 GDP 达到 3 000 美元时,度假需求就会产生[18]。改革开放以来,我国城市化和国民经济迅速发展,人均国内生产总值不断增加,到 2008 年我国人均 GDP 已超过 3 000 美元。第三是道路与交通状况的改善。农业休闲旅游多为短途旅游,以自驾为主。近年来城市私人汽车迅速增加,为城市人去郊区旅游提供了交通条件。在此基础上,休闲农业的发展时机已经到来。

文化和旅游部数据显示,从 2012 年到 2019 年,我国乡村旅游接待人次从近 8 亿跃升到 30 亿,年均增速超过 20%。2015 年,我国乡村旅游人数占国内旅游人数的比例为 50%左右,到 2022 年,这一比例已经达到 51. 4%。《中国乡村旅游发展报告(2022)》发布数据显示,2021 年上半年全市乡村旅游接待游客 67. 6 万人次,乡村旅游收入高达 9 270. 92 万元。

《中国旅游行业市场前瞻与投资战略规划分析报告》指出,截至目前,乡村旅游已超越农家乐形式,向观光、休闲、度假复合型转变,随着人们消费升级及个性化需求的增加,我国乡村旅游逐渐向多样化、融合化和个性化方向发展。同时,乡村旅游消费模式从观光式旅游过渡为度假式深度体验游。现阶段,乡村经济发展路径也日渐形成了“乡村主题化、体验生活化、农业现代化、业态多元化、村镇景区化、农民多业化、资源产品化”等 7 大新趋势。

4.3.4 案例:三产融合发展[19]

杭州市余杭区山水风光秀丽、人文景观丰富、文化底蕴深厚,三面围绕杭州主城区,尤其适合发展现代都市农业。以渐进、渗透、跨界方式改造农村产业,推进农村一二三产业融合发展,已是全区普遍共识,并取得了可喜成效。

积极培育农业农村发展新动能。政策引导持续发力,先后实施"产业余杭"重大工程,连续出台"6+2"产业发展扶持政策,促进全区各产业协调发展,提升整体水平。着力推进农业农村现代化,量身制定"富村十条"和"惠农十条"新政,涉及集体经济项目、乡村旅游、留用地开发、财政直补、新业态发展、经营主体培育等诸多领域,为实施乡村振兴战略注入强大正能量。

积极构建产业融合发展新体系。按照业态丰富、功能多样、链条完整、联结紧密的总要求,以一产为依托,通过产业联动、集聚和技术渗透,将农业生产、农产品加工与销售、餐饮、休闲等三产服务业有机整合。塘栖枇杷、鸬鸟蜜梨、三家村藕粉、中泰竹笛、生态甲鱼等余杭名特优农产品,借助电商实现网销对接,提升了竞争力和附加值。2018 年,全区实现农产品网上交易额 8.4 亿元,同比增长 42%。围绕"建设旅游经济强区,打造重要支柱产业"的总体目标,全力打造"美丽余杭之旅"。良渚大美丽洲、西溪湿地综保、塘栖运河综保、超山综保等大型旅游开发保护工程相继启动建设,并以此为平台逐步向农村延伸。文旅产业的迅速提升,有力促进了民宿业的联动发展。全区 400 余家民宿、农家乐,已吸纳就业 5 000 余人,2018 年休闲观光农业接待的游客达 1 050 万人,经营收入 10.18 亿元,同比增长 23%。

近年来,余杭区将以国家农村产业融合发展"双试点"(即余杭区被列为首批"国家农村产业融合发展试点示范区",大径山乡村休闲旅游示范园被列为首批"国家农村产业融合发展示范园")为契机,紧紧依靠村级组织和农民这两个关键主体,高水平高质量推进乡村振兴,着重抓好"三个一",即:

投建一批基础设施项目。乡村振兴,设施配套是基础。进一步加强规划引领,加大公共财政投入,建设一批对振兴乡村产业具有战略意义的基础设施项目,比如美丽乡村"1410"提升、农文旅示范村打造等。

发展一批特色农业产业。乡村振兴,产业振兴是根本。深入开展特色农业及一二三产业融合研究与实践,让乡村有灵韵,让农业产出高效益。加快盘活乡村闲置房产,形成一批规模集聚的民宿重点培育村。积极培育和推广环杭城游憩带"健康生活"系列产品、体育赛事等,进一步壮大文旅产业。

集聚一批农村新型人才。乡村振兴,人才振兴是保障。建立并完善自主培养与人才引进相结合,技能培训与实践锻炼并举的人才机制。进一步优化乡村投资环境,用好用足各项政策,吸引青年才俊返乡投身创业发展[19]。

4.4　都市农业产业结构调整

农业发展始终伴随着结构调整,而结构的调整总是围绕着人类对农业的功能需求[20]。改革开放以来,随着农业的发展,农业结构经历了80年代初和90年代末两轮调整。2015年农业部发布《关于进一步调整优化农业结构的指导意见》,对新时期调整优化农业结构进行了系统部署。从调整优化确保国家粮食安全的实现路径、区域生产力布局、粮经作物生产结构、种养结构、产业结构、产品结构等方面提出了进一步调整优化农业结构的6项重点任务。

4.4.1　农业产业结构调整及其意义

改革开放以来,经济发展、市场需求变动以及产品和要素价格的变化对农业生产产生了显著影响。一方面,农业生产在不断适应市场环境和制度条件的变化,外部环境对农业生产的变革发挥了重要的激励作用;另一方面,围绕不同时期的目标和需求，国家出台了各种政策对农业生产结构的调整进行主动引导。在内外因素的综合影响下，我国农业结构出现了深刻调整。但从农业结构调整变化的过程看，“被动适应”和“主动引导”的影响效果差别较大。加快推进农业供给侧结构性改革，需要在系统梳理我国农业结构调整的脉络和经验基础上，将调整思路与配套举措有机结合，使结构调整落到实处。

农业结构调整是合理利用都市地区农业资源的客观要求。人多地少是我国城市农业资源的基本特征。都市农业资源一方面极度短缺，过度开发利用，另一方面配置不合理，存在利用率不高的现象。通过调整优化农业结构，充分发挥都市地区比较优势，挖掘都市资源利用的潜力，实现资源的合理配置，提高资源开发利用的广度和深度，有利于资源的有效利用与合理保护相结合，促进都市农业可持续发展。

农业结构调整是满足城市居民多元需求的必然要求。随着城镇化的不断推进，市民的消费结构发生了很大变化，对优质农产品的需求明显上升，并且表现出农产品需求多样化的特点。面对这种市场需求的变化，迫切要求农业生产从满足市民的基本生活需求向适应优质化、多样化的消费需求转变，从追求数量为主向数量、质量并重转变。调整优化农业产业结构，提高农产品质量和档次，发展名特优新产品，是适应市场优质化、多样化需求的必然要求。

农业结构调整是都市农业助力现代农业发展的有效途径。城市地区更便于建立灵敏的信息网络，获取准确的市场信息，创造良好的市场环境。都市农业充分依靠都市地区技术资金优势，通过高新技术的应用、劳动者素质的提高，推进农业结构调整优化。开发以生物技术、信息技术为主要标志的新型农业科技革命，有利于抓住机遇，加快农业科技创新体系建设，促进农业结构调整优化和传统农业升级，助力农业现代化发展。

4.4.2　都市农业产业结构调整背景

数据显示，到2040年，全球将有90亿人口，为这些人提供充足的食物将成为人类最大的挑战之一。在人口急速增长、城市快速扩张、环境急剧恶化的情况下，如何养活我们的城市日益引起人们的关注。目前，全球超过一半的人口居住在城市，今天的42亿城市居民已经远远超过了1950年的7.5亿（当时约有30%人口居住在城市）。到了2050年，全球约有2/3的人口居住于城市，城市将消费全球食物的80%。目前的发展趋势是使农产品生产更接近城市，缩短农产品到消费者的距离，为城市食物消费提供解决方案。这种趋势又恢复到早间的做法，即城市与农业并存。早在19世纪的法国，城市中的市场园地就可以直接生产和供应农产品。一些相关的商业活动也曾经在城市进行，比如牲畜屠宰。但是后来由于卫生和环境保护的要求，这些产业都被迁出了城市，拉开了城市和农产品供应的距离。

面对与农产品生产日益脱离的现状，城市提出了无数举措，旨在使农产品生产重新拉回城市及其周边。城市拥有相当多的资源可供利用，以解决食物生产问题。城市也是知识（研究机构，大学等）、基础设施和决策中心聚集的地方，有能力制定食品战略。过去20年，越来越多的城市制定了从农产品生产到加工方方面面的政策。一些城市率先建立起农产品供应系统，例如加拿大多伦多，从20世纪90年代起就开始尝试制定都市食品政策，建立多伦多食品政策委员会以体现农业领域的观点和声音。多伦多食品政策委员会的建立促成了社区园地面积的扩大。至今，北美已有300多个城市成立了食品政策委员会。

相对而言，西方国家对城市食品供应问题的思考更常态化，比起发展中国家会更多地采取必要措施协调城市的食品保障问题。这些国家的社会组织以及各类制度往往更重视城市的食品问题，倒逼政府进行统一协调、加强管理。例如，城市采取多种措施使食品供应更加公平和可持续，包括 2015 年在米兰世博会期间众多城市签订《米兰城市食品政策公约》。此项提议主要由米兰发起，得到了欧洲和北美主要城市的响应，比如多伦多和纽约，形成国际联盟共同促进、保障城市食品供给。同时，发展中国家也慢慢加入进来使都市农业的食物供给常态化，特别是拉丁美洲。

与发达国家相比，发展中国家都市农业的食品供给与发达国家有所不同。发展中国家主要依靠都市农业满足食品需求，解决粮食安全和营养补给。在拉丁美洲和非洲，市民通过各种方式在极其有限的空间耕种，以此养家糊口。而在发达国家，都市农业则被看作更健康的食物供应方式，体现了更加可持续的生活方式。因此，仅仅从食物供应的角度看，发展中国家和发达国家的都市农业功能也有所差别。

以上国外城市的食品政策均体现了都市农业的经济功能（生产功能），其作用是保障城市的农产品供应，我国类似的有“米袋子”“菜篮子”政策。

1994 年以来我国实行的“米袋子”省长负责制是国务院从粮食生产、流通、消费等各环节对各省级人民政府在维护国家粮食安全方面建立的一项基本制度，要求各省（区、市）人民政府切实承担起保障本地区粮食安全的主体责任，全面加强粮食生产、储备和流通能力建设，从而确保国家粮食安全。

与之相呼应的是 1988 年提出的建设“菜篮子”工程。通过建立和加强地方肉、蛋、奶、水产和蔬菜生产基地，以及良种繁育、饲料加工等服务体系，以保证居民一年四季的“菜篮子”产品供应。到 20 世纪 90 年代中期之前，“菜篮子”工程重点解决了市场供应短缺问题。“菜篮子”产品持续快速增长，从根本上扭转了我国副食品供应长期短缺的局面。

“菜篮子”工程经历了 4 个阶段：第一阶段是从 1988 年到 1993 年底。这个阶段首先提出“菜篮子”市长负责制，其特点是城市的副食品基本得到解决，建立了 2 000 多个集贸市场，初步形成了以蔬菜、肉、水果和蛋奶为主的大市场大流通格局。食品数量达到饱和，但质量还存在问题，主要是农药用量过多。第二阶段是从 1995 年到 1998 年底，这一时期是新一轮“菜篮子”工程。这个阶段的特点是将“菜篮子”工程扩展到城乡接合地区甚至城市郊区，扩大了范围，像山东寿光的蔬菜主要供应北京，山东临沂主要供应上海和南京一带。同时，大力实施“设施化、多产化和规模化”三化政策（“设施化”即大棚化，“多产化”就是种植多种新品种蔬菜，“规模化”就是大批量地种植）。第三阶段是从 1999 年到 2009 年底。这一时期进入“菜篮子”快速发展阶段，是提高农产品安全性的阶段。1999 年 9 月，全国有十大城市召开了第十二次“菜篮子”工程产销体制改革经验交流会议，会上正式提出，国内“菜篮子”的供求形势从长期短缺转向供求基本平衡。预示着“菜篮子”工程全面向质量层面发展。在这个阶段发生了一个很重要的事情，2001 年 4 月，农业部开始实施无公害农产品行动计划，强行推广至全国，在农村建立了大规模无公害建设基地。在这 10 年里，农业部认为我国基本进入无公害产品时期，像北京早在 2005 年就宣布 96％肉类、蔬菜类和蔬果类农副产品无公害。第四阶段是从 2010 年初中央 1 号文件开始，中央 1 号文件着重提出体制与机制建设问题。体制就是管理；机制就是“公司＋农户”或“合作社＋农户”。当前，最大的问题就是要求提高技术进步。为了监督各直辖市、计划单列市和省会城市“菜篮子”市长负责制落实情况，农业部会同“菜篮子”食品管理部际联席会议其他成员单位制定了《“菜篮子”市长负责制考核办法实施细则》，压实“菜篮子”市长负责制，全力保障城市居民生活需求，维护社会稳定。

在“米袋子”和“菜篮子”政策的共同努力下，我国的城市食品体系得以完善，都市农业生产结构得以调整，保证了城市居民的日常食物供给，使我国的城市与农产品供应更加紧密地联系起来。

4.4.3 都市农业产业结构调整趋势

都市现代农业需要克服传统农业的局限，发挥现代化的优势，以发展低碳高效、生态循环农业为重点，保持和改善系统内的生态动态平衡为主导，合理地安排农业资源要素在系统内部的循环利用和多次重复利用，尽可能少地使用燃料、肥料、饲料和其他原材料，尽可能降低化肥农药的使用量。这样一种发展模式，需要匹配合理的生产结构。

近年来，随着城市化的发展，由于市民消费需求结构与层次的变化和城市生态环境问题凸显，都市农业倾向于向多样化、特色化、绿色化、休闲化，以及能提供多样和丰富生态服务的农业结构类型转变，农业结构不断由传统大田作物种植结构向现代都市型农业结构转变[21]。

以重庆为例，1997 年重庆成为直辖市后，形成了大都市、大农村并存的总体格局，其中都市发达经济圈（以下简称都市圈），包括渝中区、沙坪坝区、九龙坡区、大渡口区、江北区、南岸区、北碚区、渝北区和巴南区等 9 个行政区，是重庆直辖市的政治、经济和文化中心，也是重庆作为长江上游经济中心的核心区。短短 5 年时间，农业种植结构发生了巨大的变化。2003 年，都市圈粮食总产量为 94.19 万吨，比 1997 年减少了 42.70 万吨，减少 31.2%；油料作物产量为 0.74 万吨，比 1997 年减少 2.6%；蔬菜产量为 163.23 万吨，比 1997 年增长 12.2%；水果产量为 9.57 万吨，比 1997 年增长 63.0%。显而易见，在种植业内部，结构调整较为明显，粮食作物播种面积由 1997 年的 28.08 万公顷减少到 2003 年的 19.11 万公顷，减少了 8.97 万公顷，减少 31.9%，蔬菜种植面积则由 5.31 万公顷扩大到 6.84 万公顷，增加了 1.53 万公顷，增长 28.8%。花卉等特种作物的生产发展也较为迅速[22]。

以上蔬菜、水果、花卉这几类农产品的共同特征是运输成本和保险成本比较高，在都市周边地区开展这几类农产品生产具有比较优势。从资源配置理论上讲,都市是资本相对密集、农业劳动力相对不足的地区,发展资本密集型的产业有利于提高农业效益。

4.4.4　案例:上海都市农业结构调整

上海调整种养业结构,推行麦子、绿肥、深耕晒垡"三三制"。优化秋粮品种结构,扩大优质早熟和中熟水稻种植面积,加强产销对接,增加种粮效益。推广立体种养、粮经结合等生产模式,发展循环农业、林下经济,提升农业能级。通过"控总量、调结构",构建与环境承载力和环境保护等要求相适应的畜禽生产能力。加快推进标准化水产养殖场建设,扩大家庭型水产养殖场试点。调优农业产业布局,依托本地市场优势,实施品牌战略,积极发展绿色农业和有机农业。促进一二三产业融合发展,大力发展农产品加工、物流、配送、直供直销、电子商务,大力发展休闲农业,提升农业的生态价值、休闲价值和文化价值。

种植面积方面,根据上海统计年鉴数据,1990—2021年上海市各类作物播种面积总体呈下降趋势,尤其是在2000年、2003年、2016年左右(见表4-2和图4-1)。近年来,随着守住耕地红线等政策的推进,国家加强了对粮食安全的关注度,播种面积逐渐稳定。随着都市农业政策的进一步实施,上海农业加快转型升级,2021年播种面积略有上升,且未来将保持上升趋势。

表4-2　1990—2021年上海市各类作物播种面积情况(单位:万公顷)

年份	总播种面积	粮食作物播种面积	经济作物播种面积
1990	63.11	41.71	21.4
1995	54.22	34.4	19.82
1996	57.01	35.38	21.63
1997	55.23	36.58	18.65

续 表

年份	总播种面积	粮食作物播种面积	经济作物播种面积
1998	55.64	35.25	20.39
1999	55.17	33.5	21.67
2000	52.15	25.88	26.27
2001	49.09	21.12	27.97
2002	47.67	18.77	28.9
2003	41.92	14.83	27.09
2004	40.44	15.47	24.97
2005	40.36	16.61	23.75
2006	40.14	16.55	23.59
2007	39.07	16.96	22.11
2008	39.78	18.42	21.36
2009	41.72	21.55	20.17
2010	41.74	20.12	21.62
2011	42.19	20.83	21.36
2012	40.33	20.81	19.52
2013	39.29	19.05	20.24
2014	37.15	18.67	18.48
2015	35.17	18.13	17.04
2016	30.51	15.85	14.66
2017	28.59	13.31	15.28
2018	28.53	12.99	15.54
2019	26.43	11.74	14.69
2020	25.78	11.43	14.35
2021	26.68	11.74	14.94

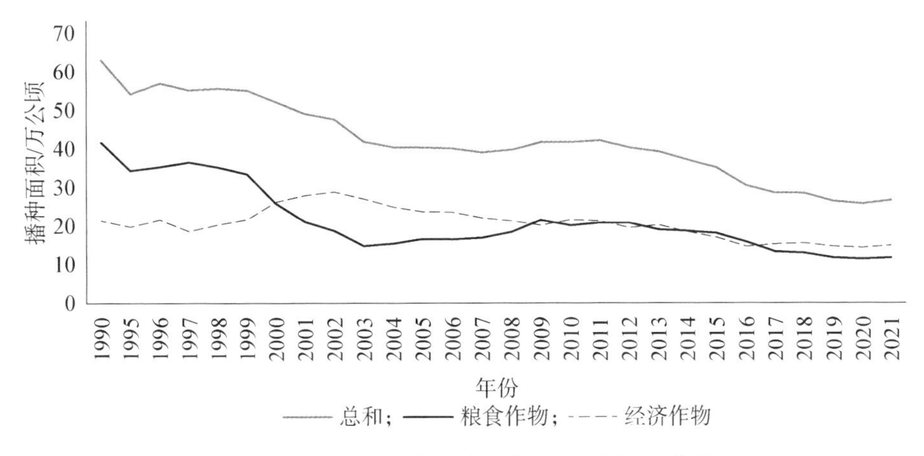

图 4-1　1990—2021 年上海市各类作物播种面积情况

从产量上看，根据上海统计年鉴数据，由于产量与播种面积密切相关，21 世纪以前，随着农业生产种植技术的进步，农业种植效率逐渐提高，上海市粮食和蔬菜产量都有一定的提高，上海市蔬菜产量于 2003 年达到最高点。21 世纪后，随着城市化、工业化的发展，国家对粮食安全保持高度重视，上海市粮食产量呈现比较稳定的水平，蔬菜产量呈现下降趋势，与种植面积保持同向变化（见表 4-3 和图 4-2）。

表 4-3　上海市各类作物产量（单位：万吨）

年份	粮食产量	蔬菜产量
1980	186.85	112.55
1990	244.36	186.79
2000	174.00	377.00
2003	98.75	460.54
2004	106.29	436.65
2005	105.36	409.03
2006	111.30	418.76
2007	109.20	413.49

续 表

年份	粮食产量	蔬菜产量
2008	115.67	409.99
2009	121.68	394.08
2010	118.40	398.08
2011	121.95	408.24
2012	122.39	395.65
2013	114.15	385.34
2014	112.89	377.95
2015	112.08	349.35
2016	99.55	319.97
2017	89.16	310.63
2018	103.74	284.73
2019	95.90	259.15
2020	91.44	244.33
2021	93.96	244.66

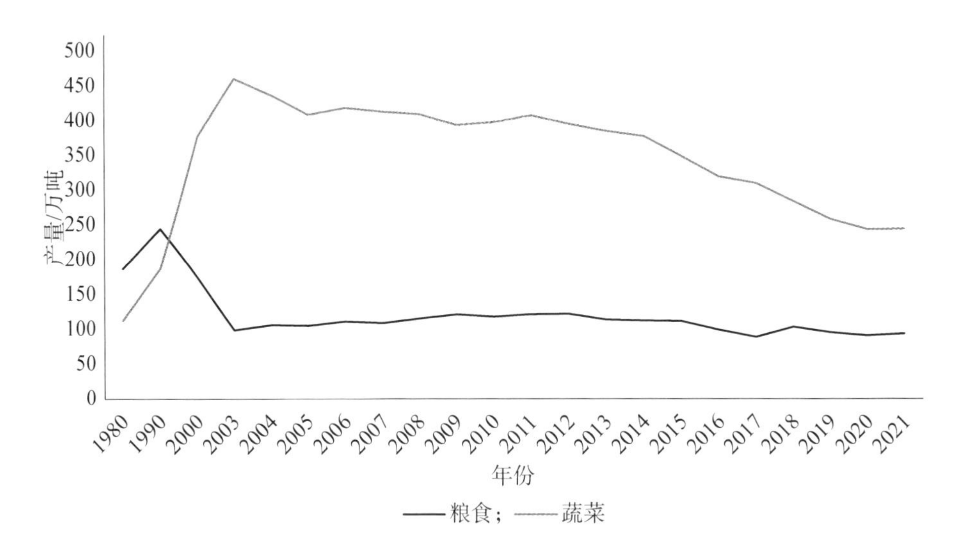

图 4-2 上海 1980—2021 年粮食及蔬菜产量

自2006年提出“守住18亿亩耕地”以来，我国始终坚持最严格的耕地保护制度，完善法律法规，严控耕地转为非农业建设用地，近年来粮食产量及种植面积有了一定提升，夯实了国家粮食安全基础。上海积极响应国家号召，推进市级土地综合整治、低效建设用地减量化、农业用地整理等各类土地整治，2010年以来实现多渠道补充耕地超过2.2万公顷，粮食种植面积总体呈增加趋势。2022年，上海市发布了《关于实施全域土地综合整治的意见》，探索在全域范围内实施田水路林村厂综合整治，优化乡村空间布局，提升新时代超大城市乡村发展能级和人居环境品质，助力乡村全面振兴。

在深入推进乡村振兴战略的时代背景下，上海市近郊农业不断发展，目前已初步探索出具有上海特色的都市现代农业绿色发展模式，上海地区的农业科技进步贡献率达80.13%，水稻和蔬菜良种覆盖率超过95%，都市农业发展水平处于全国领先地位。自改革开放以来，上海就提出了建设“菜篮子”工程，各乡镇纷纷成立种植公司、园艺场、运销公司或配送中心。出现了一批种菜专业户，科学种菜被广大菜农所接受。2018年起，上海积极推进“菜篮子”市长负责制考核工作，稳定“菜篮子”产品生产能力，提高市场流通能力，加强质量安全监管，完善调控保障，确保安全生产和稳定供应。随着“菜篮子”“米袋子”等稳产保供活动的进一步推进，近年来上海市农作物总种植面积有所提升。

在上海这类国际大都市，都市农业结构的调整不仅受到自然资源禀赋、农业劳动力、农业科技水平、财政投入等各项发展条件的影响，还极大程度上取决于城镇化速度和国家农业政策等决定性因素。

思考题

1. 都市农业生产资源具体有哪些？
2. 都市农业产业结构调整的影响有哪些？

3. 简要阐述三产融合对都市农业发展的启示。

4. 简要阐述都市农业产业结构调整的内容、意义、背景和趋势。

参考文献

[1] 刘小彩. 农业产业结构调整对农业经济的重要性[J]. 中国乡镇企业会计,2020(5):7-8.
[2] 黄国桢,刘春燕,徐浩,等. 都市型农业生产结构的研究逻辑[J]. 上海交通大学学报(农业科学版),2013,31(2):61-64.
[3] UN-Habitat. Urbanization and development [R]//Emerging futures: world cities report. Nairobi: UN-Habitat, 2016.
[4] Chester M, Fraser A, Matute J, et al. Parking infrastructure: a constraint on or opportunity for urban redevelopment? A study of Los Angeles county parking supply and growth [J]. Journal of the American Planning Association, 2015,81:268-286.
[5] 单军,林万光. 从水资源承载力看北京都市型现代农业产业布局[J]. 节水灌溉,2009(2):45-46,48.
[6] United Nations. World urbanization prospects: the 2018 revision-key facts [R]. New York: United Nations Department of Economic and Social Affairs, 2018.
[7] 胡琪. 城乡一体化背景下上海农业人口发展趋势探索[J]. 科学发展,2012(10):42-56.
[8] 周培. 都市现代农业结构与技术模式[M]. 上海:上海交通大学出版社,2014.
[9] 周培. 都市现代农业发展的战略价值与科技支撑[J]. 中国科学院院刊,2017(10):72-78.
[10] Cabannes Y. Financing urban agriculture [J]. Environment and Urbanization, 2012,24(2):665-683.
[11] 高岩. 休闲农业如何止步于概念炒作?[J]. 中国农村科技,2013(1):14-14.
[12] International Energy Agency. World energy outlook [M]. Paris: OECD/IEA, 2009.
[13] United Nations HABITAT. Climate change strategy [R]. UN, 2018.
[14] ADEME (Agence de l'Environnement et de la Maîtrise del' Énergie). Faits & Chiffres [R]. ADEME, 2018.
[15] 江泽林. 农村一二三产业融合发展再探索[J]. 农业经济问题,2021(6):8-18.
[16] 中国现代都市农业竞争力研究课题组. 2019 年中国现代都市农业竞争力综合指数[J]. 上海农村经济,2020(8):8-15.
[17] 成升魁,徐增让,李琛,等. 休闲农业研究进展及其若干理论问题[J]. 旅游学刊,2005(5):26-30.
[18] 郭焕成,吕明伟. 我国休闲农业发展现状与对策[J]. 经济地理,2008(4):640-645.
[19] 高水平推进农村三产融合发展[EB/OL]. (2019-01-23)[2024-01-16]. http://www.moa.gov.cn/xw/qg/201901/t20190124_6170627.htm.

[20] 张世兵. 现代多功能农业评价体系研究[M]. 北京:经济管理出版社,2015:16.
[21] 宋晓媚,周忠学,冯海建. 城市化过程中西安都市圈都市农业结构时空变化特征[J]. 中国沙漠,2015,35(4):1096 - 1102.
[22] 杨军,吴孟,赖长伟. 重庆都市圈农业结构与功能调整研究[J]. 重庆工商大学学报,2004(5):63 - 66,79.

第 5 章　都市农业模式论

处在一定地域范围内和一定历史发展阶段的都市现代农业，都会受到其自然、社会、经济等条件影响，形成相对稳定的区域农业生产体系，进而形成具有特色的都市农业发展类型。都市现代农业是多层次、多形态的绿色产业，为实施都市现代农业可持续发展战略，推进都市农业全面绿色转型、低碳转型，提升都市现代农业生态系统碳汇能力，需要共同探讨发展都市现代农业的模式。以绿色生态为导向，走质量兴农、绿色兴农、品牌强农之路，以降低资源利用强度、改善生产环境、增加绿色供给为目标，打造高品质都市现代农业绿色发展产业链和价值链。本章分为 3 个部分，5.1 节讲述构建都市农业模式的依据，技术模式和经营模式的构建原则和逻辑；5.2 节讲述都市农业的十大主推技术模式，从生产、生态、科学等角度探讨都市农业生态循环的绿色发展模式；5.3 节讲述都市农业的十大经营模式，探讨集成生态文化环境资源优势，形成多功能一体化的发展模式。

5.1　构建都市农业模式的依据

作为城市区域的农业发展方式，都市农业应该成为一种产生经济、生态、人文、社会效益的农业发展方式和发挥经济、生态、人文、社会功能的农业发展方式。需要综合考虑城市发展需求、资源利用效益优化、技术手段环境友好、食品安全和农业可持续发展等因素，通过科技进步和创新实践来实现高效、环保和可持续的农业生产。

（1）都市农业模式需要适应城市发展需求。以满足城市居民的需求为出发根据城市人口结构、消费习惯和市场需求来确定农产品的种植和养殖品种、规模和质量。

（2）对现有资源利用效益优化。应该充分利用城市的闲置土地、屋顶、立体空间等资源进行农业生产，最大限度地提高资源的利用效率，减少浪费。

（3）以技术手段来实现高效生产与管理。通过科技和信息技术的应用，实现精细化管理和自动化生产，提高农产品的产量和质量。例如，利用智能温室技术、无人机农业、物联网和大数据等技术手段来监测和控制农作物的生长环境，提高生产效率和农产品品质。

（4）遵循构建环境友好城市。采用绿色生产方式，减少对环境的污染。例如，推广无土栽培、有机农业和生物防治等技术，减少化肥和农药的使用，提高农产品的质量和安全性，使城市拥有更多的绿色空间和生物多样性，增加城市的生态功能，提升居民的幸福感和健康水平。

（5）保障农产品供应链和食品安全。建立健全的农产品供应链，加强产地和消费者之间的联系，实现农产品的直供直销，确保食品的新鲜度和安全性。

（6）实现多元化和可持续发展。注重多样化农业产业结构，包括蔬菜、水果、肉、禽蛋、奶等多种农产品的种植和养殖，并注重农业的可持续发展，包括节约资源、保护环境、提高农产品质量和增加农民收入等方面。

5.2　都市农业的十大主推技术模式

5.2.1　种养结合模式

传统的农业经济模式割裂了农业生态链与农业产业链之间的关系，仅仅关注利润而未足够重视种植业和养殖业相关要素的优化配置，导致农业经济循环中能源浪费和生态环境的破坏。当前都市农业产业规模的波动实质上是都市农业保障供给与环境污染矛盾的反映，保障供给与环境污染的矛盾使都市农业陷入困境：一方面要发挥保障供给的服务城市功能，必须使产业达到一定的规模；另一方面又受环境承载力的制约，不得不压缩产业规模。毋庸讳言，现阶段的都市畜牧业事实上是环境不友好型产业，最好的出路是由环境污染型产业转变为绿色生态维护型产业，转型是实现可持续发展的新路径，转型发展的关键则是实施种养结合。一直以来，"三农"问题都是国民经济与社会发展关注的重点。传统农业由于其自身发展模式的短板，效益低下、污染严重，长此以往必将阻碍农业经济发展，而循环农业的产生与发展为现代化农业指明了方向。党的十九大报告提出推进绿色发展，建立健全绿色低碳循环发展的经济体系，以提供更多优质生态产品来满足人民日益增长的优美生态环境需要。农业循环经济作为绿色发展经济体系中重要的一环，以农业资源减量化、再利用、再循环等原则对农业发展过程中出现的问题提出了一系列的解决对策，保证农业高效、优质、可持续发展。

种养结合共生共存，主要是指在一定土地管理区域内，通过将种、养进行科学、高效、有机地结合，实现农业生产过程的清洁化与农产品的绿色、有机化，实现物质的循环利用，使种植业与养殖业之间物质流、能量流顺畅流转起来，实现农业活动对环境的有害影响零（最小）排放，最终使得农业生态环境保持相对平衡的一种从资源到产品再到废弃物形成再生资源的农业生态循环产业链（见图 5-1）。从本质上看，种养结合一体化循环农业最主要的特征是产业链延伸和资源节约，基本特征包括遵循循环经济思想、内涵式经济增长方式、产业链延伸和环境友好。种养结合模式无论是从生态效益，还是从经济效益，甚至社会效益上都有着较好的优势。其关键技术主要包括种植技术、养殖技术、净化处理技术、生物质肥技术、环保技术、绿色生产、土壤修复、生态发酵技术和沼气利用技术等。种养结合模式整体构建需要遵循3R原则(即减量化原则、再利用原则、再循环原则)、无害化原则、因地制宜原则、产业主导原则以及创新支撑原则。

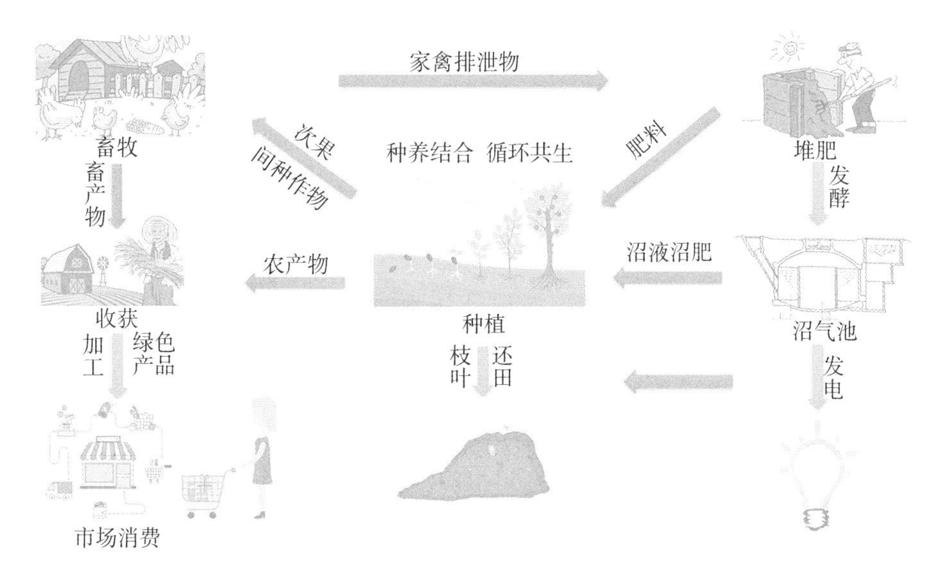

图5-1 基于生态低碳循环和科学合理匹配的都市农业种养循环模式

农林有机废弃物循环利用模式关注生态循环高效低碳,注重节能、节水、节肥,存在自循环、互循环、他循环等子模式。针对小规模家庭农场(农户),按"以种定养"原则,构建养分短程自循环技术模式。该模式在松江家庭农场进行示范,土壤有机质含量显著提高,降低农田氮肥损失50%~60%,氮素利用效率显著提高,可达50%以上。针对中等以上规模都市型农(垦)区,按"以养定种"原则,设计种养结构,构建种植、养殖单元之间养分双向中程互循环技术模式。利用整套复合式养分输送技术方案,节水50%,每亩水稻一季使用沼液10吨,减少化肥投入20%以上,环境无污染。针对大规模的开放式区域,创建了基于第三方运行、种养两端延伸的养分他循环模式。建立远程可控的废弃物收集运输、前处理、发酵与专业服务到田的第三方合作网络。该技术模式在崇明世界级生态岛得到全面推广应用，成为崇明岛生态种养结构调整、实现跨村镇的废弃物资源利用和有机肥替代化肥的有效模式，在崇明东部示范基地，经连续5年的示范验证，结果表明在保障产量的同时氮肥施用减量30%～35%，稻田单位面积二氧化碳排放当量降低15%～20%。

5.2.2 全程供应链安全模式

农业综合企业需要满足未来消费者的需求，可以利用物联网(IoT)、大数据、移动互联网、人工智能、区块链等现代信息技术，大力推动农业全产业链改造升级(见图5-2)，其中区块链将会在物联网、大数据、质量安全追溯、农村金融、农业保险、供应链六大领域得到应用，为实施乡村振兴战略插上互联网的翅膀。

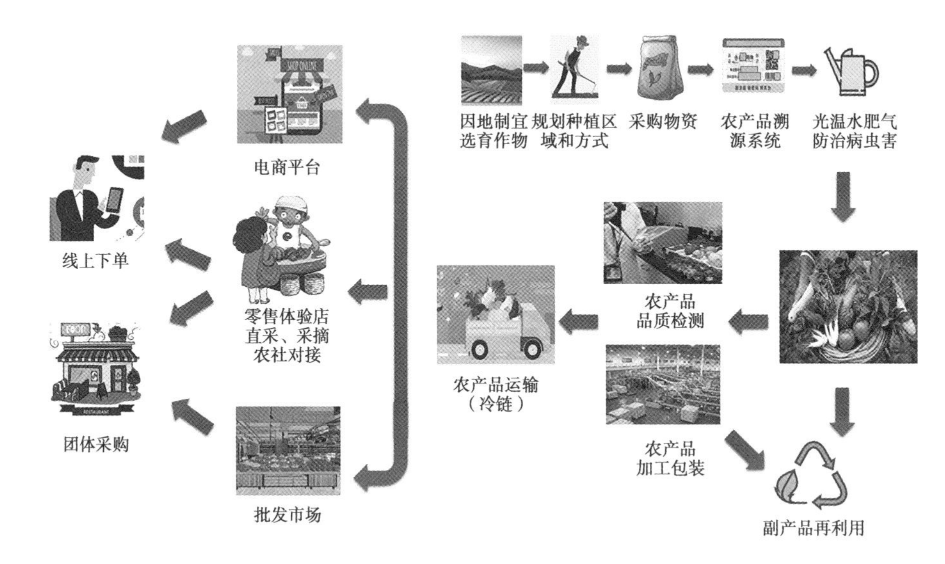

图5-2 基于都市农业生产保障供给与流通供应的都市农业供应链模式

区域链技术(见图5-3)本身作为一项新型计算机应用技术，在农业领域的应用还处于起步阶段，其大规模应用仍存在许多技术上的制约因素或障碍:第一,分布式记账,要求每一个节点上形成的信息或者数据需要同步传输给其他所有区域链节点,我国广大农村地区总体上网络基础设施还比较落后,难以满足未来大规模区域链农业的需要;第二,为了解决农产品安全问题可能引发新安全问题,许多商业机构尤其是资本玩家借机炒作区块链的概念,以达到圈钱的目的,这无形当中对区块链与农业的结合进程形成了干扰和阻碍;第三,“区块链+农业”的复合型农业信息技术人才高度匮乏。

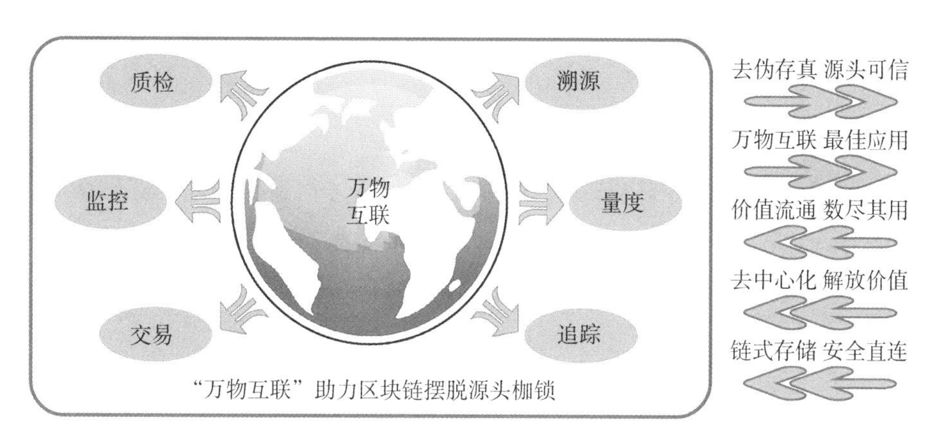

图5-3　区块链方法论:IoT+联盟链

对“区块链+农业”应当坚持这样一种原则:抓住技术创新甚至技术革命的窗口期,大胆鼓励“区块链+农业”的试验和发展,并为该技术的深化发展提供必要的软硬件基础设施支持。

湖南省工业和信息化厅公布了“2020年湖南省大数据和区块链产业发展重点项目”,“隆平链(隆平数科)”(以下简称:“隆平链”)项目上榜,“隆平链”项目由隆平数字科技有限公司(以下简称:隆平数字科技)主导,主要搭建基于区块链的开放式供应链平台,围绕“三链”(种业的产业链、农业的供应链、隆平的区块链)开展业务,坚持“三拉动”(种业拉动、金融拉动、品牌拉动),实现农业产业数字化,产业数字价值化,数字价值货币化,即“三化”服务“三农”。该项目于2020年7月正式完成了首笔融资业务放款,目前已覆盖近百万家供销合作社、千万种植户、数万家全产业链上下游中小企业经销商。隆平数字科技联合相关企业，通过创新供应链服务模式、订单农业服务模式等，为隆平高科产业链上的制种商、经销商、种植户、米厂和中小企业等提供供应链服务和金融支持超10亿元。

都市农产品的产业链可分成农产品生产、农产品采购、农产品加工、农产品交易、农产品配送等环节。

生产环节：注重过程管理，利用大都市的先进科技手段和科技人员指导，调节生产过程中"光温水肥气"五要素，及时生物防治病虫害，提高农产品品质。杜绝化肥农药的滥用，注重保护环境生态；优先采用机械收割，节约劳动力；采用农药残留检测等方式，严格品控；及时整理信息至"农产品溯源系统"中，实现透明化管理；对产品进行分仓分级，把控质量。

运输环节：包括常温运输和冷藏运输。需要冷藏运输的农产品要先经冷库预冷，再由温度保持在0～5℃的冷藏车承运，确保质量。前置仓模式可能是未来发展的趋势。

销售环节：都市地区合作社多采用制定差异性销售战略，从而细分农产品市场，描绘目标客户群体。例如针对农贸市场、社区商超和零售这类需求稳定的农产品市场，建立优质低价的品牌形象，以及时、应季的农产品站稳市场；针对生鲜电商这样不断扩展的新兴市场，打造绿色无污染、品控严格的高端形象，带给消费者更好的体验。

都市农业重视从田头到餐桌全程建立"农产品溯源系统"，对农产品生产记录全程进行"电子化"管理，为农产品建立透明的"身份档案"，采购方、消费者使用该系统生成的产品溯源二维码或数字编码通过互联网平台、手机终端可快速查询到相关生产信息，从而实现"知根溯源"，满足消费者知情权，做到放心采购和消费。同时，通过此举提高生产者科学生产自律意识，提升农产品品牌，更好地促进优质农产品流通销售。根据实践经验，都市地区农产品供应链模式主要包括以下几种。

1. 产地主导的供应链模式

通过观光采摘休闲形式购买及消费蔬果，多数经营主体将自产蔬果通过采摘或在田间、路边及村头就地卖给消费者或果品贩运商。对于产量较小的高档蔬果，绝大多数都能够通过观光采摘完成销售。在这种供应链运作中，产地主导的都市农业模式是适应近郊区蔬果生产供给特点和都市消费者个性化需求不断上升而形成的。该模式是供应链运作中不通过第三方而使供求直接互联与对接的最短链模式。产地主导的都市农业模式可充分满足消费者个性化需求，使其在采摘过程中不但获得“产地来源”等与品质密切相关的产品信息，并能以此彰显其个性品位、社会身份，在享受产品更多延伸功能的过程中实现其更高的心理与精神满足感。

2. 核心主体拉动模式

核心主体拉动模式是以核心主体（以企业为主）为开拓农产品需求市场的供应链核心节点，围绕一种或多种产品，形成“核心主体＋农户或基地＋其他节点”的供应链生产、加工及销售的整合运作模式。该类模式依据核心主体类型的不同，或与其合作的环节及节点成员类型不同，乃至其分别对应终端消费群体需求特征的差异，可形成以下不同的整合运作方式。

（1）“订单式”与“准时制”模式。它依据需求订单的计划性配送来实现准时制供货。其主要以预订消费的方式来实现与需求的准确对接。运作中首先由终端需求提前向核心企业下订单预约订货，接到订单后核心企业按其需求种类、数量与质量、交货时间和地点等要求备货，通过配送中心或专业配送公司以最短的物流路径将商品送达客户手中，达到降低物流费用并提高经济效益的目的。该模式的起点以果农为主，终点则是消费者家庭或消费团体。针对消费者家庭的小批量集货和个别化配送，在及时响应需求时会提高其配送成本，要保证农产品的高品质，必然需消费者支付较高的价格。因此，这是与高端个性化需求对应的一种分支模式。

(2) 与批发市场合作的整合模式。该模式下核心主体企业(不包括超市及合作社)利用批发市场提供的产品与信息集散、价格形成与发现、供求调节和市场服务等重要功能和交易平台,通过一级批发分别与超市、社区市场、便民连锁店等零售端的批量采购者或次级批发商链接。

(3) 超市主导模式。随着经济和现代物流技术的发展,超市以建立大规模配送中心或与合作者联盟等方式,通过在农产品采购和连锁销售方面实现规模经济来获取竞争优势,使之不同程度地逐渐取代农贸市场和个体商贩等传统零售路径,并在农产品零售业中逐步占有集中采购等垄断地位。

(4) 中介组织链接模式。该模式是以中介组织(主要包括农民合作组织、在农村供销社基础上成立的销售协会及技术协会等)为供应链的主要链接纽带,组织并实施有关农产品生产和销售等相关服务。其核心功能是将众多小规模分散独立的农场联合而形成供给规模较大的统一经营群体,实现与供应链其他相关节点的自助式有效对接。

3. 基于信息网络平台的节点协同模式

基于信息网络平台的节点协同模式是一种以独立于供应链之外的第三方或信息中心为核心支撑,利用现代信息技术(大数据、云计算、在线支付、虚拟现实、区块链)面向供应链各节点成员提供信息共享及整合运作等相关服务的模式。运作中,农产品供应链各节点成员将需共享的信息传递给该信息整合主体,主体对这些信息经过搜集、存储、加工处理、维护以及传递等过程,为供应链相关节点成员提供信息共享服务和基于 Web 商务后端处理的一个交易平台,以方便节点间最终实施供应链协同运作。

5.2.3 产后食品安全模式

都市农业是构建城市“从种子到餐桌”全食品链条和解决城市食品安全

问题的一种有效途径，值得加以推广应用。在食品质量安全供应上，都市农业具有如下明显优势：一是与市外农区相比，城市的蔬菜生产过程监管更为严格；二是都市农业是城市体系的一部分，可以充分利用城市的资金、科技和人才优势进行技术革新和创新实验，加快食品安全体系的建设与实施；三是都市农业的蔬菜供应链短，可以为城市居民提供更新鲜甚至相对更低廉的蔬菜产品。

都市农业对食品质量安全具有多重保障优势，具体表现在都市农业生产过程监管严格，通过建立食品追溯平台来全方位保障都市农业的食品安全。通过设立质量认证制度、建立“绿色通道”、建立统一的质量标准，来保证食品生产、加工、运输、批发、零售等全过程均能满足相应标准要求。通过食品安全追踪系统有助于帮助生产者、加工者、消费者确定产品的身份、历史和来源，提高了通过生产和销售链追踪产品的能力（见图 5－4）。

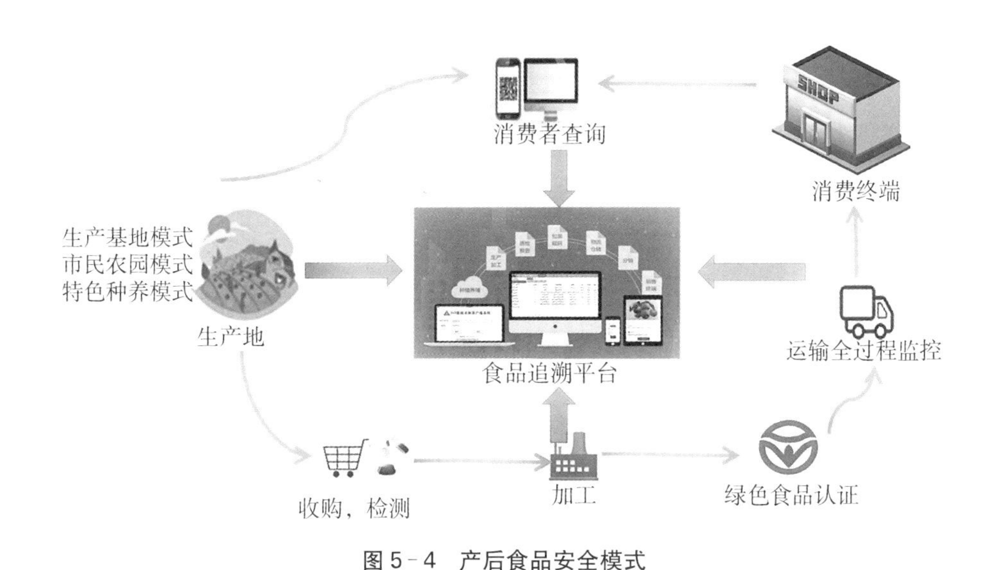

图 5－4　产后食品安全模式

破解食品安全问题的都市农业生产模式主要可依靠生产基地模式、市民农园模式和特色种养模式进行发展。生产基地模式是指生态环境条件良好，远离各种污染源，可定期监测，具有一定面积和可持续生产能力。生产基地一般都经过水质、土壤、周边环境严格检测，种植环境优越、无污染；建有科学合理的优质生产体系和高标准质检体系；配备标准化的贮藏、加工、运输、营销设施和设备管理，手段先进，安全卫生，方便快捷；拥有权威机构出具的相关品质安全认证。这些保证了食品质量安全。市民农园模式是指市民租赁近郊区土地种植花、蔬菜，开展庭院式经营，享受耕种、田园生活的乐趣。拥有土地的农民既可出租土地，也可帮市民照顾农田。自耕自种，减少了化肥农药施用，保证了食品品质。特色种养模式体现的是都市现代农业的生产性功能。其主要进行优势资源和特色农产品的开发，向社会供应优质、安全的农副产品，以适应城市居民生活水平提高的需要。该模式既提升了经济效益，又保证了食品质量的安全。

5.2.4 种植业园区模式

种植业园区模式（见图 5－5）坚持按以下原则进行建设：一是坚持以贯穿绿色发展为导向的原则。落实生态功能保障基线、环境质量安全底线、自然资源利用上线的要求，体现都市农业应绿尽绿的底色，引导都市农业提升源头安全的生态服务价值。二是坚持以统筹基地建设为核心的原则。全面提升绿色优质农产品综合生产能力，布局建设绿色优质农产品的储备基地，完善基础设施、农业设施装备以及配套设施。三是坚持以提升现有示范为起点的原则。围绕都市经济现有建设基础，限制资源消耗大的产业规模，进一步夯实绿色优质农产品稳定供给的发展潜力，以点带面推进都市绿色农业快速发展。四是坚持以强化安全管控为手段的原则。以乡村振兴战略为统领，强化农产品绿色生产基地的监管，指导都市现代绿色农业以及粮食生产功能区、蔬菜生产保护区、特色农产品优势区的建设。五是坚持以提升主体内涵为目标的原则。挖掘农业经营主体参与绿色优质农产品基地建设的活力，大力增加绿色优质农产品供给，全面激活都市绿色农业发展的内生动力。

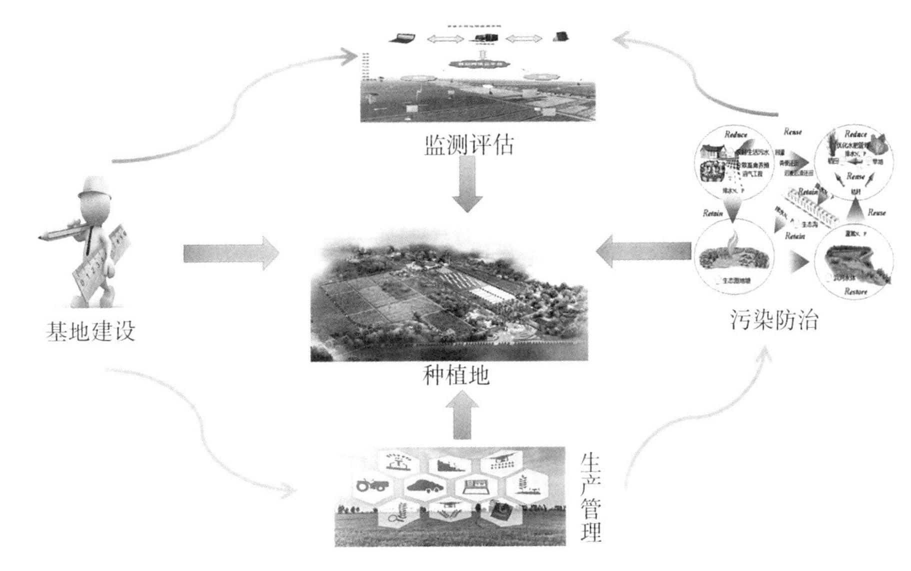

图 5-5　种植业园区模式

种植业园区产地模式贯穿产前、产中、产后各环节，主要围绕基地建设、生产管理、污染防治、监测评估进行建设与发展。

在基地建设环节，对于建设地的选址、生产环境及基础设施配套方面做出严格规定，确保种植业园区产地选择生态环境良好、无污染的地区，并对基地空气、土壤、水等生产环境做出明确规定，保证产地的环境优质，为生产绿色产品奠定基础。产地建设的重中之重是对于种植的生产管理环节，对种子的选取和种子优良率的达标、病虫害的绿色防治、农药及化肥的使用频率及浓度进行了限制，并按照作物的收获情况进行及时、有针对性的采收储运。值得一提的是在生产的全过程要做到溯源信息化管理，即生产过程投入品种及农事操作信息都纳入追溯系统中，为后期产品的生产、加工、销售提供质量保障。作物的采收结束后需要对相关材料及物质进行无害化处理，保证环境达到零污染，具体体现在对秸秆及蔬菜废弃物进行合理的综合利用、农膜及包装废弃物的有效回收、农田排水的处理等环节。在此基础上，基地还需定期加强对基地的土壤质量、地力、排水等要素进行监测，确保基地持续生产出优质绿色农产品。

5.2.5 畜禽养殖业园区模式

畜禽养殖业园区模式(见图 5 - 6)坚持按以下原则进行建设：一是坚持以贯穿绿色发展为导向的原则。落实生态功能保障基线、环境质量安全底线、自然资源利用上线的要求，体现都市农业应绿尽绿的底色，引导都市农业提升源头安全的生态服务价值。二是坚持以统筹基地建设为核心的原则。全面提升绿色优质农产品综合生产能力，布局建设绿色优质农产品的储备基地，完善基础设施、农业设施装备以及配套设施。三是坚持以提升现有示范为起点的原则。围绕都市经济现有建设基础，限制资源消耗大的产业规模，进一步夯实绿色优质农产品稳定供给的发展潜力，以点带面推进都市绿色农业快速发展。四是坚持以强化安全管控为手段的原则。以乡村振兴战略为

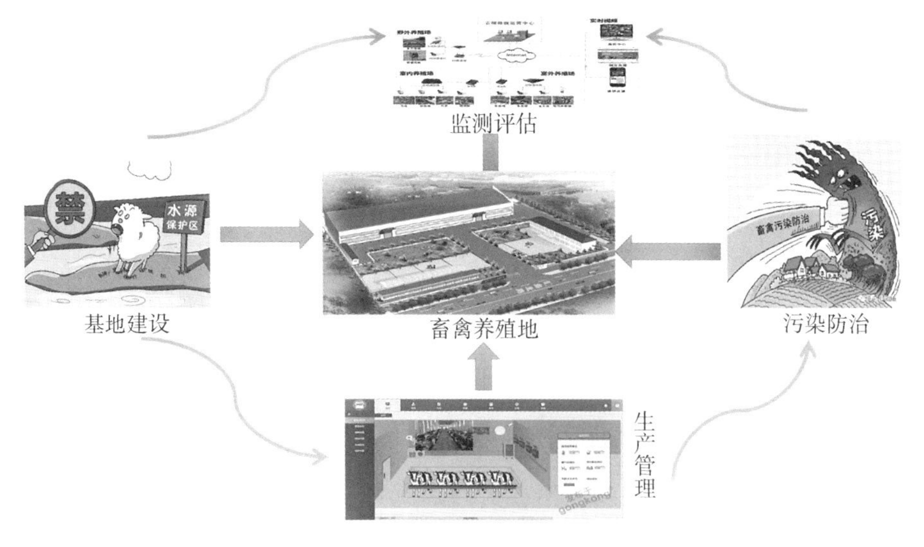

图 5 - 6 畜禽养殖业园区模式

统领，强化农产品绿色生产基地的监管，指导都市现代绿色农业以及粮食生产功能区、蔬菜生产保护区、特色农产品优势区的建设。五是坚持以提升主体内涵为目标的原则。挖掘农业经营主体参与绿色优质农产品基地建设的活力，大力增加绿色优质农产品供给，全面激活都市绿色农业发展的内生动力。

畜禽养殖业园区模式贯穿产前、产中、产后各环节，主要围绕基地建设、生产管理、污染防治、监测评估进行建设与发展。

在基地建设环节，对于建设地的选址、生产环境及基础设施配套方面做出严格规定，保证基地建设满足对防疫安全、环境影响距离及农田配套面积的要求，棚舍及防疫、污染防治等配套设施的建设需做到干湿分离、雨污分流、净道污道分开。对于基地的生产管理环节，一是在引种方面，确保选用的苗、种畜禽应来自非疫病区，健康、无病，品种应稳定，抵抗力强；二是在饲料供应方面，应饲喂有绿色饲料产品认证的饲料；三是在兽药使用、疫病防治和消毒方面，按照专业规定进行选择，确保畜禽的健康安全；四是对于病死畜禽处理，基地设置专用区域收集病死畜禽，并按焚烧方式集中处理；五是在生产的全过程中要做到溯源信息化管理，即生产过程纳入追溯系统中，为后期产品的生产、加工、销售提供质量的保障。畜禽的养殖对于环境污染防治的要求显得更高，畜禽粪便处理、恶臭控制、排污处理等方面严格按照相关规定执行。在此基础上，基地还需定期加强对基地的相关条件进行监测，确保基地持续生产出优质畜禽。

5.2.6　水产养殖业园区模式

水产养殖业园区模式（见图 5－7）坚持按以下原则进行建设：一是坚持以贯穿绿色发展为导向的原则。落实生态功能保障基线、环境质量安全底线、自然资源利用上线的要求，体现都市农业应绿尽绿的底色，引导都市农业提升源头安全的生态服务价值。二是坚持以统筹基地建设为核心的原则。全面提升绿色优质农产品综合生产能力，布局建设绿色优质农产品的储备基地，完善基础设施、农业设施装备以及配套设施。三是坚持以提升现有示范为起点的原则。围绕都市经济现有建设基础，限制资源消耗大的产业规模，进一步夯实绿色优质农产品稳定供给的发展潜力，以点带面推进都市绿色农业快速发展。四是坚持以强化安全管控为手段的原则。以乡村振兴战略为统领，强化农产品绿色生产基地的监管，指导都市现代绿色农业以及粮食生产功能区、蔬菜生产保护区、特色农产品优势区的建设。五是坚持以提升主体内涵为目标的原则。挖掘农业经营主体参与绿色优质农产品基地建设的活力，大力增加绿色优质农产品供给，全面激活都市绿色农业发展的内生动力。

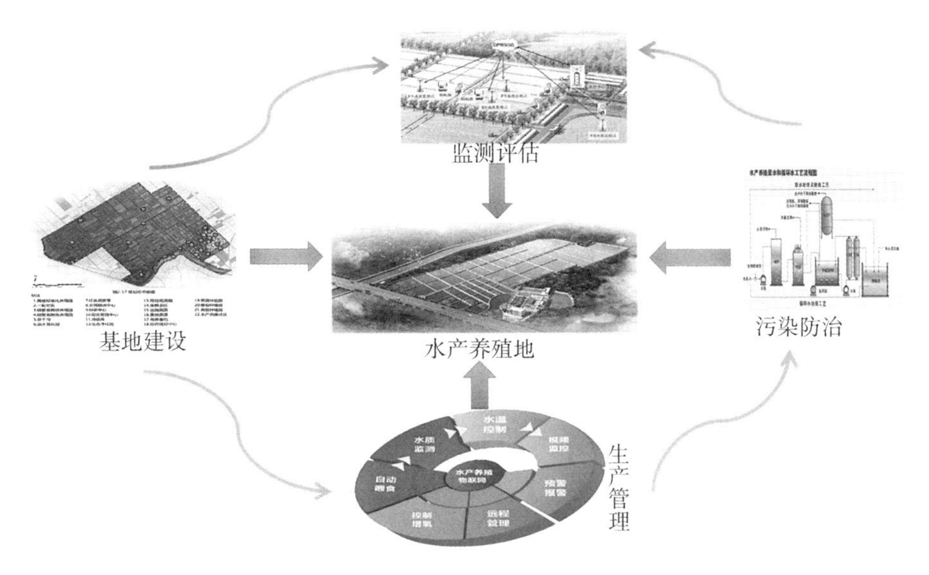

图 5－7　水产养殖业园区模式

水产养殖业园区产地模式贯穿产前、产中、产后各环节，主要围绕基地建设、生产管理、污染防治、监测评估进行建设与发展。

在基地建设环节，对于建设地的选址、生产环境及基础设施配套方面做出严格规定，保证基地建设满足对水源充沛、生产环境良好及符合当地养殖水域滩涂规划的要求。对于基地的生产管理环节，一是在苗种方面，确保选用的苗种检疫合格；二是在渔用饲料供应方面，应饲喂有绿色饲料产品认证的饲料；三是在渔药使用、疫苗方面，按照专业规定进行选择，确保鱼苗的健康安全；四是在水质管理方面，科学使用生物制剂，禁止使用国家规定的禁用药物、其他禁用物质用于清池消毒或调节水质；五是对于病死养殖水产品，要进行无害化处理；六是在生产的全过程中要做到溯源信息化管理，即生产过程纳入追溯系统中，为后期产品的生产、加工、销售提供质量保障。水产养殖对于环境污染防治的要求更高，养殖尾水、底泥、废弃包装物回收等方面应严格按照相关规定执行。在此基础上，基地还需定期加强对基地的相关条件进行监测，确保基地持续生产出优质水产品。

5.2.7　设施土壤的生物维护模式

1. 设施农业土壤次生盐渍化生物修复技术

在都市农区，设施栽培已成为市民输送新鲜果蔬食品的重要渠道，然而设施土壤资源十分有限，为满足蔬菜供应量的要求，往往追求高复种指数，高度依赖于高剂量化肥和农药的使用，加之设施栽培条件下土壤缺乏雨水淋溶，温度高，湿度大，通气状况差，导致土壤板结、退化等诸多问题，尤其是在高度集约化农区，次生盐渍化现象异常严重，形势十分严峻。其中，硝酸盐的累积量约占次生盐渍化土壤阴离子总量的60%～76%，是引起次生盐渍化土壤的主要盐分离子。一般而言，在玻璃温室栽培方式下，若土壤管理不当，2～3年即出现盐分障碍，而在塑料大棚栽培方式下，3～5年即出现不同程度的盐渍化障碍。次生盐渍化会导致土壤结构性状恶化，作物根系发育受阻、品质下降；此外，土壤中过量的硝酸盐极易被作物吸收造成硝酸盐含量超标，人们食用后会对身体健康构成危害，高硝酸盐摄入会诱发高血压、甲状腺增生甚至癌症等多种疾病。

设施土壤次生盐渍化的改良和修复技术（见图 5-8）一直是国内外土壤问题的研究热点，目前常规的修复方法主要包括揭膜淋雨、人工洗盐、秸秆还田及种植田闲作物等，但上述方法在实际操作中耗时耗力，修复周期长，容易造成二次污染。以微生物对硝酸盐的转化为切入点对次生盐渍化土壤进行修复，具有成本低、效率高等优点。微生物以硝酸盐作为氮源，通过同化途径将土壤中多余的硝酸盐转化为植物可吸收的氨态氮，或者转化为菌体内的有机态氮，待微生物死亡后，经氨化作用，可转变成氨（铵），进而便利地为作物的生长发育提供养分，有效提高氮素利用及循环，从而降低土壤中的硝酸盐含量，以此来改良次生盐渍化土壤。同时，可以适当降低异化硝酸盐还原的趋势，减少致癌物质亚硝酸盐和臭氧层杀手、温室气体 N_2O 等的排放，符合

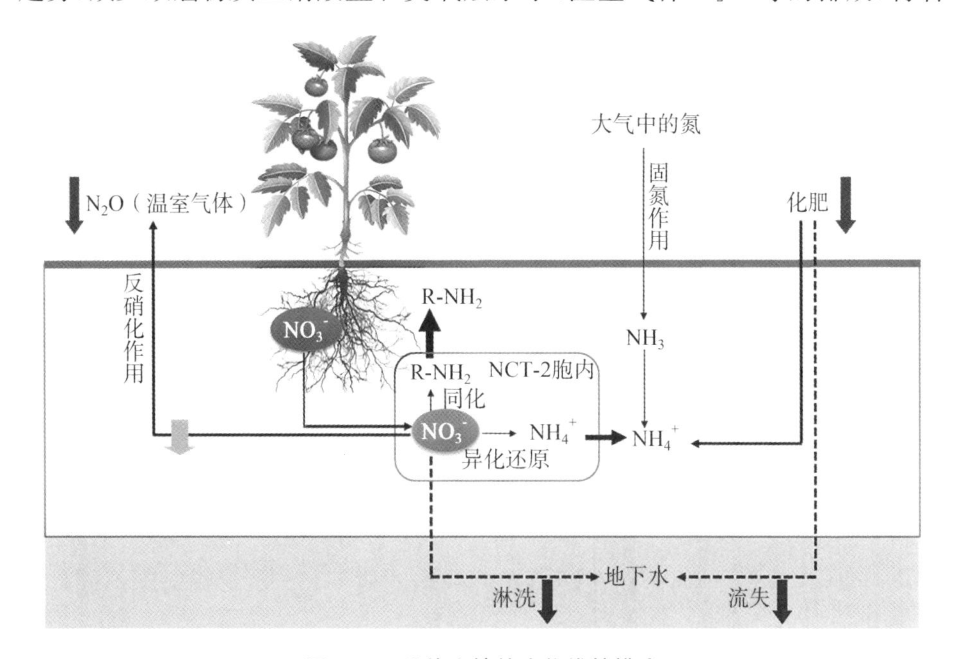

图 5-8 设施土壤的生物维护模式

“低碳”“减排”的发展方向。

上海交通大学周培教授研究团队采用富集培养方法，从设施大棚高度次生盐渍化的土壤中，筛选到能高效转化硝酸盐的菌株，经鉴定为巨大芽孢杆菌(*Bacillus megaterium*)，命名为 NCT－2。经基因组学分析和同位素标记研究发现，NCT－2 菌剂主要以硝酸盐同化途径代谢土壤中的硝酸盐，同时伴有微弱的异化还原成铵途径。此外，NCT－2 能够溶解包括无机磷和有机磷在内的多种难溶性含磷物，并具有产吲哚乙酸(IAA)的能力，可有效促进植物的生长。通过构建绿色荧光蛋白标记重组菌株，发现该菌株能够定殖在植物根尖的分生区、伸长区和根中段。接种 NCT－2 菌剂不仅增加了与氮转化和抗生作用相关的种群丰度，还降低了根际土壤中的电导率，并增加硝酸盐还原酶的活性。

采用喷雾干燥法研制的巨大芽孢杆菌 NCT－2 微胶囊菌剂在室温条件下储存 6 个月以上，存活率仍能达到 64%以上，满足国家标准《农用微生物菌剂》(GB 20287—2006)对活菌数的要求。为了将以上科技成果尽快转化为技术产品，上海交通大学与上海绿乐生物科技有限公司对产品产业化技术进行共同开发，并制定了产品企业标准(标准编号：Q31/0112000263C003—2018)。该菌剂产品于 2018 年获得了农业农村部首批“土壤修复菌剂”产品登记[微生物肥(2018)准字(6312)号]，也是全国唯一获得次生盐渍化土壤修复菌剂的专利技术产品。

针对设施生境次生盐渍化特点，研究团队建立了适用于不同种类蔬菜的生物修复技术模式。NCT－2 菌剂产品在上海市闵行区、浦东新区、奉贤区、金山区等设施蔬菜大棚进行了示范应用，降低土壤硝酸盐含量 40%以上，降低土壤全盐含量 30%以上，提高作物产量 40%以上，有效改善了土壤品质，提高了作物产量和品质(见图 5－9)。

图 5-9 习惯施肥和施加 NCT-2 菌剂对蔬菜生长的影响

2. 设施农业土壤次生盐渍化和重金属复合污染生物修复技术

土壤重金属污染是多途径的，人为因素主要包括农药和化肥的使用，污水灌溉和污泥农用等。土壤一旦被重金属污染，不仅导致土壤退化、农作物产量和品质降低，而且通过径流和淋洗作用污染地表水和地下水，恶化水文环境，并可能通过直接接触、食物链等途径危及人类的生命和健康。现代设施农业的发展导致重金属与营养盐复合污染逐年加剧，严重影响农作物的产量和品质。

浙江大学杨肖娥教授团队通过对重金属超积累植物东南景天内生菌和根际菌的分离分析，筛选鉴定到多株高效反硝化典型重金属内生菌，为复合污染设施土壤的生态修复提供了重要的微生物材料。研发了设施栽培次生盐渍化-重金属复合污染土壤生态修复内生菌剂两种。在盐渍化和镉复合污染严重的土壤中使用该菌剂后，植物生长量显著提高，植物对土壤中硝态氮的利用率提高，而植物体内硝态氮含量并未明显上升。同时在油菜和东南景天套种系统中能够有效减少土壤中重金属镉的含量，并增加对土壤盐渍化的修复效果。此外，筛选到镉与硝酸盐共低积累的小白菜品种 7 种、空心菜品种 4 种。通过 CO_2 强化的内生菌-超积累植物与低积累叶菜作物品种合理轮作技术模式，可大幅降低蔬菜地上部重金属和硝酸盐含量，形成设施土壤次生盐渍化-重金属复合污染的“边生产边修复”的新技术模式。

3. 设施农业土壤酞酸酯污染生物修复技术

邻苯二甲酸酯(phthalic acid ester, PAE)是世界上生产量大、应用面广的人工合成有机化合物,被广泛用作油漆溶剂、塑料改性剂、涂料的增塑剂,也被用作农药载体和驱虫剂等的生产原料。设施农业土壤PAE污染的来源十分广泛,农膜残留、农药和肥料施用、生活垃圾和灌溉等均能引起土壤PAE污染,其中PAE进入农田的主要途径是农膜的使用。农膜尤其是PVC塑料薄膜的老化、破碎及回收不全,使其在农田中残留的现象相当普遍。PAE可在极低的浓度下干扰人和动物的内分泌系统,使生殖机能下降,对胚胎发育有一定毒害作用,且具有遗传毒性和致突变性。

东北农业大学张颖教授团队以黑龙江、吉林、辽宁3个省份9座城市的设施大棚为研究对象,考察了土壤中PAE的污染情况,并通过陶瓷盆栽实验,人工气候箱内模拟自然条件下土壤中两种PAE,即邻苯二甲酸二丁酯(dibutyl phthalate, DBP)和邻苯二甲酸二甲酯(dimethyl phthalate, DMP)在土壤中的自然转化动态过程。研究了DBP及DMP污染过程中设施农业土壤酶活性、微生物量、微生物群落结构变化,以及不同浓度的DMP或DBP对设施蔬菜(黄瓜)的毒害效应。采用选择性培养基在PAE污染严重的设施农业土壤中,筛选鉴定到一株以DBP为碳源且具有高效降解DBP能力的菌株DNB-S1,并根据基因组学分析,得到该降解菌对DBP的代谢路径。在此基础上研发了一种廉价、高效的DBP降解发酵培养基,并运用固定化技术对DNB-S1菌株进行包埋。将菌株和固定化微胶囊应用到修复实践中,可有效去除污染土壤中DBP。

5.2.8 智耕植物工厂模式——都市农业四维理论的“显示器”

植物工厂(plant factory, PF)(见图5-10)是近年来国内外迅速发展并逐渐开始广泛推广应用的新型农业高效生产模式，该模式与都市农业四维发展理论高度契合，能充分体现都市现代农业集生产、生活、生态和多功能于一体的综合优势，能最大限度地将城市非耕地资源空间有效转化为农业生产、休闲观光、健康养生和科普教育的高地，能充分体现低碳、节能、高效、清洁、无毒的绿色可持续发展理念，也是智慧农业的重要组成部分。植物工厂的类型通常分为两大类：太阳光利用型植物工厂和 LED 全人工光型植物工厂。太阳光利用型植物工厂以温室为基本载体，属于半开放型植物工厂，适合种植茄果类和瓜类等垂直生长空间要求较高的植物类型；而 LED 全人工光型植物工厂以建筑物或集装箱式等设施为载体，属于封闭型植物工厂，适合多层立体种植叶菜类、草莓等蔬果品种。

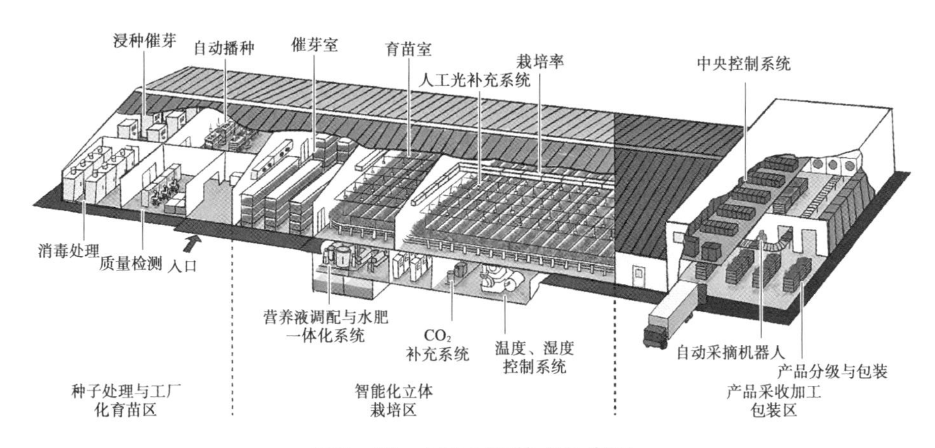

图 5-10 植物工厂技术示意图

由于植物工厂是在相对密闭的智能化人工环境中高效生产农产品的一种全新种植模式，它是集成农学、园艺学、食品科学、植物营养科学、工程学、计算机科学、光学、能源科学、控制科学等诸多学科的综合性技术体系（见图 5-11）。一个封闭式的植物工厂包含以下 6 个主要组成部分。①主体结构：要求是隔热条件较好、相对密闭、不透光的类似库房的空间；②栽培床：

3～20层不等，配备有无土栽培系统和荧光灯或LED灯等人工光照设备；③温度和湿度控制系统：空气风机及升、降温空调；④二氧化碳施肥系统；⑤水肥一体化系统：水泵及营养液供给系统；⑥中央控制系统：将主要环境因子的控制由一个大脑统一指挥（见图5-10）。因地上部分和根系部分环境的最优化控制，通过植物工厂可以周年生产高品质无农药的农产品，叶菜洁净度高，不需要进一步清洗就可以直接食用或者加工。高标准清洁化植物工厂达十万级，每克所生产蔬菜的细菌菌落总数附着量通常低于300，是用自来水清洗之后的田间蔬菜的百分之一到千分之一。植物工厂生产的蔬菜收获后的货架期可达温室生产的2倍。

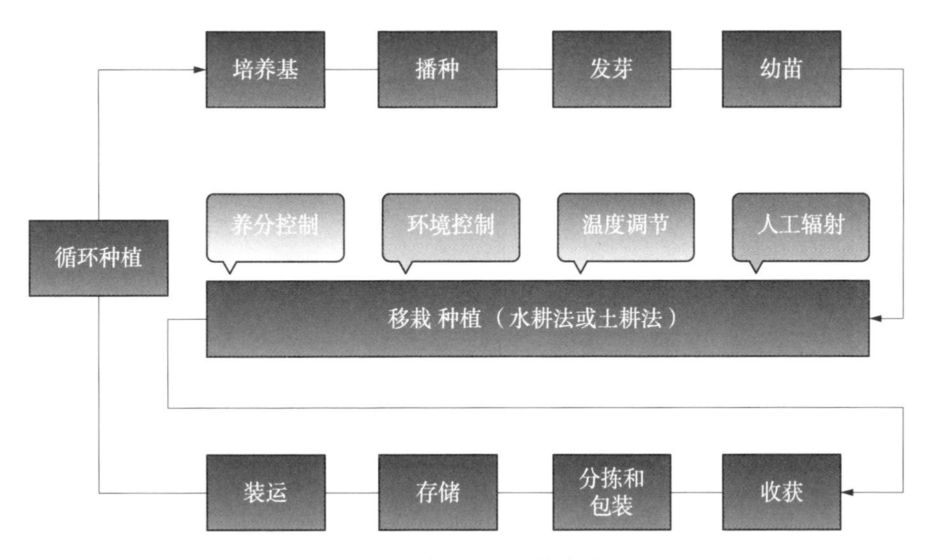

图5-11　智能植物工厂技术流程图

植物工厂能广泛用于高温、严寒、干旱、多雨等各种气候地区，也适合在重金属、盐碱化地区推广，更是将屋顶、阳台、废弃工厂等非耕地改造成“良田、良园”以及在远洋轮船乃至宇宙飞船上种植新鲜植物（蔬菜）的最佳选择。当前，国际社会对发展高水平的植物工厂越来越重视，日本[1]、荷兰、美国、中国等的不同类型植物工厂如雨后春笋般迅速试验和推广，其中日本的优势是完全人工光型植物工厂，以多层立体种植生菜为主；荷兰的优势是太阳光利用型植物工厂，以周年种植番茄为主；美国的优势是大规模摩天大楼型植物工厂；我国台湾地区的优势是微型植物工厂和营销模式创新，我国大陆近年来植物工厂发展较快，但是技术水平不高和专业化设施设备生产企业较少。Folta 提出植物工厂的智能化水平、节能水平和专用新品种培育水平有待进一步提高[2]。

5.2.9 城市生态与健康农业模式

都市农业是人口密集地区最重要的生命支撑系统，是工业污染和人体健康之间的屏障(见图 5-12)。当前全球城市化进程加快，人口居住越来越密集，城市生态环境压力加剧(《2018 世界城市报告》)。人口密集的城市中污染加剧，生态系统受到干扰出现"均质化"，生物多样性遭到严重侵蚀[3-4]。城市

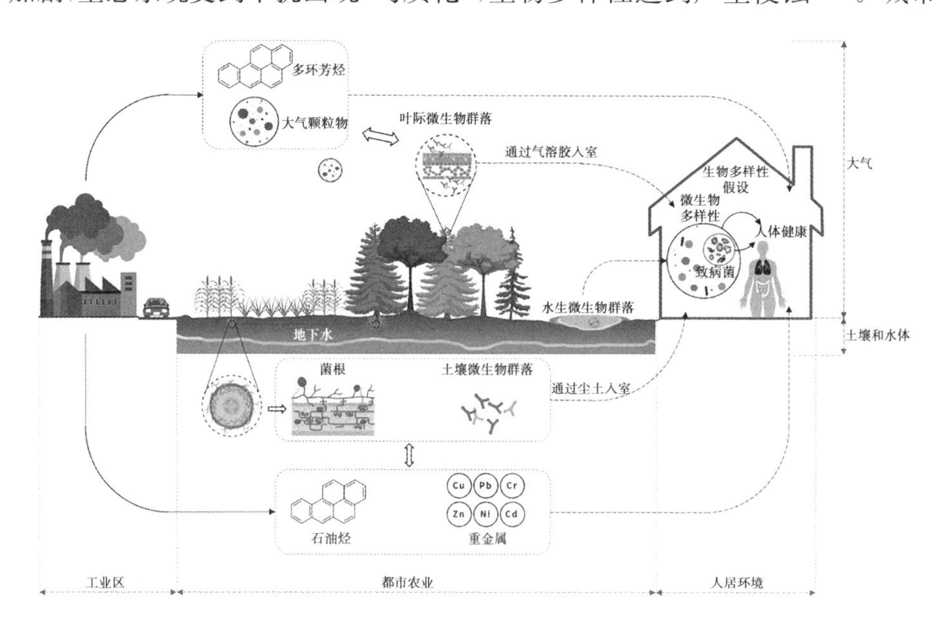

图 5-12 都市农业-微生物-人体健康的协同作用体系

中人体周边微生物脱离了植物、气候等自然因素的控制，导致感染性疾病暴发，常见的有气管炎、肺炎、肺结核、流感[5-6]，以及高致病性、高死亡率的非典型性肺炎 SARS 和新冠病毒性肺炎 COVID－19 等[7-8]。生态环境变化对人体周边微生物种群的影响，还会间接地导致免疫介导非感染性疾病（immune-mediated non-infectious disease），如引发过敏、哮喘、湿疹等慢性疾病[9-11]。近年来由于城乡环境变化导致的疾病防控压力巨大，医疗系统不堪重负。犹如医生在河的下游拼命拯救落水者，但是河的上游不断有人掉入水中。如何在河的上游通过改善生态环境的办法减少“落水者”是疾病防控部门的目标。钟南山院士在《柳叶刀》发表文章提出：时下我国急需加强环境变化导致疾病的研究[12]。

1. 都市农业生态系统中微生物依然受优势植物的控制

陆地自然生态系统中 99％的微生物生存在土壤中，这些微生物不断向大气和水扩散。植物配置是影响土壤微生物的直接因素。不同种类和年龄的植物通过凋落物和根系分泌物为微生物提供赖以生存的碳源，从而控制和选择土壤微生物[13]。例如针叶树产生难降解的凋落物，阔叶树产生次难降解的凋落物，草本植物的凋落物最容易被降解。由于凋落物的降解难易程度不同，自然界中不同类型植物的土壤中存在差异化的微生物。人类主导的环境中，人为因素占主导地位[14]，控制“植物-土壤”相互作用的因素及其对生态系统服务的影响可能“脱离自然控制”。这是因为人类对土地利用从根本上改变了自然生态群落，导致生物均质化（biotic homogenization）。例如城市绿地中的凋落物往往被清理掉，没有被土壤微生物降解掉，这一人为干扰可能导致城市绿地中土壤微生物不受植物的控制，从而出现均质化，降低微生物多样性。多项研究知名城乡绿地植物功能群（针叶树、落叶树、草本）和绿地年龄对土壤微生物群落的影响，结果揭示了土壤微生物群落没有出现均质化，土壤微生物多样性和群落结构依然受植物的选择和控制[15-16]。这些研究为城市绿地生态规划设计、合理配置植物保护生物多样性、增加城市环境中人类益生菌比例奠定了基础。

2. 都市农田中微生物向人体周边环境的扩散

都市农区环境微生物不断向室内扩散并影响人类健康。现代人大部分时间都在室内度过，这限制了他们对自然和环境微生物的接触。已有研究证明环境微生物可以附着于尘土和气溶胶上，通过门窗、通风系统、空调、墙壁缝隙进入室内，形成与人类免疫和其他系统疾病相关的微生物暴露[17-20]。这些研究通过室内灰尘来分析室内微生物的多样性与组成，建立微生物与人类健康之间的关系。

在人口密集地区，环境微生物进入室内主要通过两种途径：一是通过鞋子和衣服带入；二是通过气溶胶从门窗、通风系统进入。除此之外动物饲养也是环境微生物进入室内的重要途径。多项研究在城乡差异尺度上关注了第一种路径，即通过研究室内门口脚垫上的尘土，建立室外环境因素与进入室内的环境微生物之间的关系[21-22]，结果揭示出城乡差异、绿地植物多样性、用地类型、季节变化、动物饲养对通过这一路径进入室内的环境微生物影响显著。研究发现冬季输入室内的微生物多样性显著降低、致病菌比例增加，威胁人类健康；多样化的室外植物可促进免疫系统益生菌在室内聚集；在乡村饲养动物有助于在室内聚集人体免疫系统益生菌、拟杆菌属（Bacteroides）和不动杆菌属（Acinetobacter）细菌。但是上述环境因素如何影响通过第二种途径进入室内的微生物的研究尚缺乏，其难点在于建立微生物气溶胶研究方法。

3. 城乡微生物群落变化导致疾病的机制

都市农区含有人口密集地区最丰富的微生物资源。微生物暴露（microbial exposure）会以不同的方式影响人类健康。虽然人类与病菌的直接接触会导致感染，“卫生假说（hygiene hypothesis）”认为发达国家较高的卫生条件导致人类婴儿早期发育因缺少接触传染源、共生微生物（如胃肠道菌群、益生菌）与寄生虫，从而抑制了免疫系统的正常建立，进而增加了患过敏性疾病的风险[9]（见表5-1）。20世纪90年代，这一假说被拓展到了其他疾病领域，例如发达国家儿童自身免疫性疾病和急性淋巴性白血病发病率远高于发展中国家[23]。但21世纪人们发现卫生假说存在应用范围窄、容易被误认为是“个人卫生习惯”、无法解释过敏周期差异（如呼吸系统过敏早于食物过敏）等缺陷[24]。近年来“老朋友假说（old friends hypothesis）”[25]和“生物多样性假说（biodiversity diversity）”[9]得到了越来越广泛的认可（见表5-1）。抗生素的滥用导致人体缺乏与人类共同进化的帮助免疫系统建立的益生微生物[26]。自然生态系统往往富含“老朋友”微生物，与多样化的天然环境微生物接触有助于调节人类免疫系统[27]。一些研究证据表明了微生物暴露在免疫系统建立中的积极作用以及对免疫介导非感染性疾病的抑制作用[28-29]。因此研究人类与环境微生物的相互作用对于建立完善的免疫系统、保障人类健康至关重要。

表5-1 城乡微生物暴露与人类健康相关假说的比较

假说	原理	学术界认知	应用
卫生假说（hygiene hypothesis）[11]	婴儿早期受到的感染越少，则日后发展出过敏性疾病的机会越大，主要由TH1和TH2免疫反应失衡造成	认可度逐渐降低[24]	解释了西方发达国家过敏性疾病比例为何高于发展中国家
老朋友假说（old friends hypothesis）[25]	缺乏与人体共同进化微生物的接触而致病	高度认可[35]	明确了抗生素滥用等因素抑制了有益于人类免疫系统建立的“老朋友”微生物
生物多样性假说（biodiversity hypothesis）[9]	接触自然环境可改善人体周边微生物多样性，促进免疫平衡，抑制过敏和炎症疾病	高度认可[36]	揭示了通过优化人体周边环境微生物多样性的方法促进人类健康的途径

全球约有3亿人患有哮喘，上海市城区小学生哮喘病的发病呈现上升趋势[30-31]。研究表明健康人与哮喘患者呼吸道细菌群谱多样性之间存在显著差异[32]。欧盟多项研究发现农村儿童哮喘、湿疹等特应性疾病的患病比例远低于城市儿童，农村儿童的床垫上和房间灰尘中的微生物多样性远高于城市儿童，说明农村儿童微生物暴露的范围更广、更多样[33-34]。城乡植物群落多样性、用地类型存在较大差异，因此植被格局很有可能通过影响入室微生物气溶胶，从而影响呼吸健康。另外季节变化也有可能通过温度、湿度、光照影响入室微生物气溶胶群落，间接地影响呼吸健康。

综上所述，现有室内外微生物与呼吸健康领域研究已经取得了一定的进展，发现了绿地环境和入室尘土微生物受优势植物的控制，认识到了进一步探究入室病原菌及其驱动机制的重要性，不断完善了人类环境健康理论，初步构建了“都市农业-微生物-人体健康”理论体系，其关键点在于都市农区微生物的调控机制。揭示体系中各要素间关系与相互作用机制，将有助于深化对人体健康与城乡环境关系的认识，对通过优化人口密集区农业结构来防控疾病有积极意义。

5.2.10 设施栽培的智能化滴灌模式

水肥一体化技术是发展高产、优质、高效、生态的现代农业的重大技术，农业部将此技术列为全国推广应用的“一号技术”，通过水肥耦合实现水、肥同施，可实现节水、节肥、提高肥料利用率等效果，可有效缓解肥料过量使用造成的面源污染，实现都市农业的标准化、减量化、绿色化生产。常规的水肥一体化在使用滴灌设备施肥时，常因管道远距离运输或地势起伏管道内压力变化不一，而造成灌溉、施肥不均匀，易堵塞；同施肥料配比不精准及缺失在线检测EC/pH的反馈措施，成了水肥一体化技术在使用和推广过程中的技术瓶颈和难题。而压力补偿灌水器特别是压力补偿式滴头可有效解决灌溉的流量与压力不平衡而产生的精准性及均匀性问题；智慧施肥机可根据作物需求实现智能、科学、精准配肥，可有效提高肥料利用率，减少肥料的使用。

水肥一体化滴灌系统产品与技术可用于蔬菜、果树、药材、苗木等经济作物的灌溉，特别适用于丘陵、山地等高落差的地形及温室长距离运输灌溉，尤其适用于系统压力不稳定、需要增加毛管长度、地形复杂(特别是丘陵地形)、地块不规整、作物栽培不规则等情况。优化升级滴灌系统水利性能，通过建立的产品三维图形，建立流体与结构体计算模型，选用 ADINA 软件中适用于流体分析的 FCBI - C 算法进行单元定义分析，采用瞬态分析，composite 时间积分格式，分析压力补偿灌水器内部流场流动特性，包括压力场分布、速度分布、弹性膜片变形情况，计算得到各压力点下的灌水器出流量(见图 5 - 13)。

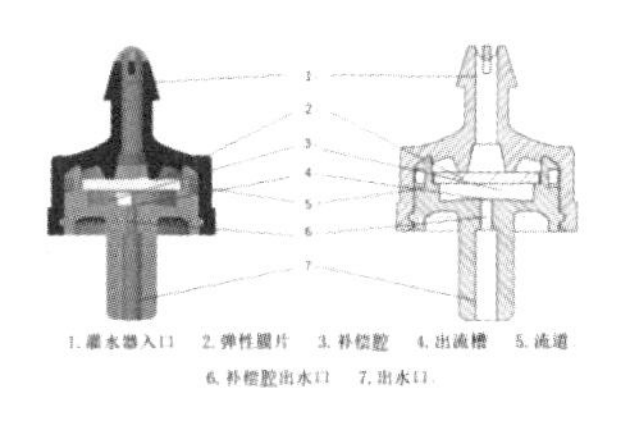

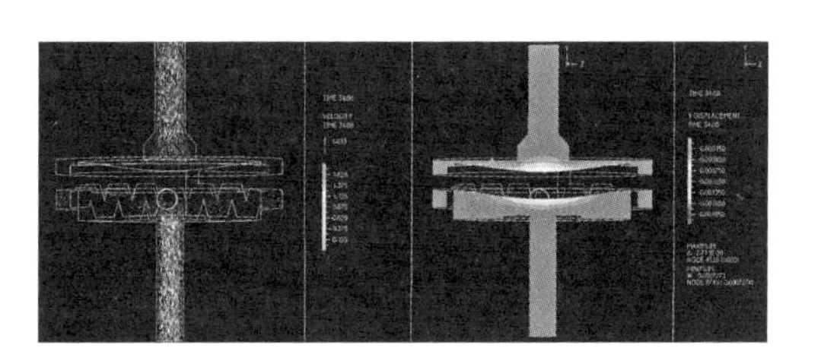

图 5 - 13　滴灌灌水器迷宫流道流速云图

水肥一体化滴灌系统中，通过优化升级压力补偿滴头和基于专家系统的智慧施肥机，可有效解决灌溉的流量精准性及均匀性问题，根据作物需求实现智能、科学、精准配肥，通过推广应用可达到节肥 20%以上、肥料利用率提高 20%左右，有效缓解了肥料过量使用造成的土壤盐渍化及面源污染。利用都市农业的标准化、减量化、绿色化生产，可有效提高肥料利用率，减少肥料的使用。此外，通过滴灌系统使用沼液、含腐殖酸水溶肥、微生物菌肥等进行水肥一体化灌溉，可有效改良土壤结构、改善土壤微生物群落、活化土壤，从而改善土壤生态环境。

5.3 都市农业的十大经营模式

都市现代农业发展，是现代农业和乡村振兴的重要组成部分，处在第一方阵。近年来，都市现代农业发展与时俱进，紧紧把握历史机遇，充分发挥在全国现代农业建设中的示范引领作用，加快推进乡村振兴战略深入实施。新时期下，产业兴旺成为乡村振兴战略的首要任务，都市现代农业发展基础更为牢固，多产业融合的价值乘数效应不断显现。都市现代农业集成生态、文化、环境资源优势，形成多功能一体化的发展模式，以都市市民需求为导向，精准产业布局，以生态绿色、观光休闲为标志，以规模化、集约化为主要手段，全面打造融生产性、生活性和生态性于一体的高质、高效、复合型、可持续的新业态。

在乡村振兴战略的统领下，我国农业领域对产业兴旺的形势紧迫，发展形式多元。都市现代农业由于资源要素更为聚集，产业融合势头更加迅猛，各地涌现出一系列发展典型，一二三产业之间自由融合，探索出新的产业组合方式。本研究基于全国范围的都市农业发展案例，总结出十类经营典型模式（见表 5－2），随着都市现代农业不断提档升级，这些新业态新模式也将进一步完善。

表 5－2　都市农业的经营模式的典型案例

经营模式	案　　例
特色农业主导模式	天津海河乳业有限公司、太原市阳曲现代农业产业示范区、南昌市江西林恩茶业有限公司、济南市“泉水人家”、广州市从化区国家现代农业产业园、重庆恒都农业集团有限公司、重庆市巫溪县青脆李产业、成都市龙泉驿区水蜜桃现代农业园区、贵阳市白云区“蘑力小镇”、青岛市正礼茶业有限公司、胶州大白菜中国特色农产品优势区

续　表

经营模式	案　例
全产业链经营模式	石家庄市同福集团股份有限公司、石家庄市辰雨河北食品股份有限公司、呼和浩特市赛罕区金河镇"嗨牧农场"、上海市宣桥农业产业园、成都市蒲江原产地水果产业园、彭州市蔬菜全产业链、青岛市"国际客厅"、杭州市余杭区国家现代农业产业园
园区孵化引领模式	南京龙池现代农业示范园、郑州新都市农业科技开发有限公司、成都市新都区锦绣蔬香现代农业产业园、青岛西海岸农高发展集团有限公司
田园综合体带动模式	北京市门头沟区清水镇梁家庄村、天津市宝坻区里自沽农场稻香田园综合体、天津市宝坻区八门城稻海田园综合体、天津市宁河区木头窝田园综合体、成都市稻乡渔歌田园综合体、成都市郫都区德源稻蒜现代农业园区、兰州市李家庄村田园综合体"花间田"
生产保障示范模式	上海市宣桥镇蔬菜生产保护镇、上海市清美蔬菜产业联合体、合肥市"惠民菜篮子"工程、广州市粤港澳大湾区"菜篮子"工程、广州市和稻丰品牌示范基地、西宁汇丰农业投资建设开发有限公司、拉萨市城关区亨通物流园区
郊野生态休闲模式	福州市永泰县休闲农业、南宁市马山县乔老河休闲农业示范区、宁夏"稻渔空间"乡村生态观光园、北京市怀柔区渤海镇六渡河村"栗花溪谷"、合肥市长丰县杨庙镇马郢社区、银川市志辉源石酒庄
农耕文教创新模式	合肥市"圩美・磨滩"文化休闲区、郑州市新密市溱源溪舍洞穴民宿、郑州市樱桃沟社区
科创智慧驱动模式	上海市清美数字化农业产业示范基地、长沙市望城区全能农机专业合作社、海口市秀英区石山互联网农业小镇、西宁市景阳园区、莱西市凯盛浩丰智慧农业产业园、拉萨市智昭奶牛养殖有限公司、拉萨市西藏净土乳业有限公司、拉萨市城关区智昭净土农业科技示范中心、青岛市盛客隆现代农业基地
共享农社对接模式	上海市清知园创意农园、成都市天府竹博园、贵阳市花溪区"花小莓"、银川市贺兰县优质水稻产业联合体
种业创新探索模式	天津市小站稻、武汉・中国种都

5.3.1　特色农业主导模式

1. 模式内涵

该模式在都市消费需求多元化与市场高度细分背景下，整合都市农区的传统农业资源，深度开发具有地域特色及特殊功效的都市特色农产品系列，大力发展现代农业，积极融入都市现代农业生态圈，做强乡村产业，发展供应特定消费的市场，形成规模适度、特色突出、附加值高的优势产业发展模式。

2. 运行机制

引导特色化产业园经营者，依据区域内整体资源优势及特点，围绕市场需求形成非均衡农业生产体系，结合当地政府对特色产业提升发展的相关扶持政策，协同企业、政府部门共同发掘特色农业发展潜力，提升都市农区发展价值。

3. 合作模式

常见的合作模式有3种：从深度挖掘特色农产品角度，有农民农村互助模式，例如建立“对比园”，带动邻乡邻村共同发展特色农产品；从技术层面上，有与农技中心及农业类专家合作模式，为农产品赋值提供帮助；从拓宽农产品消费角度，有产业园经营者与校企合作模式，学校提供品牌化指导，企业提供平台，结合产学研合作模式共同做大特色产业规模。

4. 发展效果

一是通过培育发展多种形式的适度规模经营，推动农业供给侧结构性改革，优化农业生产结构，培育支柱产业；二是夯实产业融合发展基础，带动农业提质增效。

5.3.2 全产业链经营模式

1. 模式内涵

该模式以都市农区一二三产业深度融合为抓手，延伸农业产业链，提升农业附加值，充分发挥都市现代农业经济、生态、服务功能，围绕区域主导产业，优化区域结构、产业结构、要素投入结构和经营主体结构，将纵向多元化和横向一体化有机结合。

2. 运行机制

以市场为导向，满足市场需求，以经济效益为中心，以主导产业、产品为重点，依托企业、中介或技术服务组织，起到龙头推动作用，建立完善的全产业链服务体系，完成对各相对独立的涉农要素的整合与优化。

3. 合作模式

常见的合作模式有3种：从企业牵头角度，由大型企业牵头运营，配合中小型企业、大型农户、合作社组织、家庭农场、物流配送等部门紧密合作，形成农业产业化联合体，与上下游企业有机结合，可带动农户共同发展；从散户参与的全产业链合作角度，农户在自愿互助的基础上成立各种类型的合作经济组织，合作经济组织自己从事农产品的加工和销售，向产业链后端延伸；从终端需求角度，由地方政府建立农产品专业批发市场，由商户分别联系农户和消费者，牵动全产业链发展。

4. 发展效果

全产业链经营模式对各地都市现代农业集中一体化发展效果显著，主要体现在两个方面：一是实现产出高效、产品优质、产业融合、资源集约、环境友好的多功能农业现代化发展，不断提高农业产出率、资源利用率和劳动生产率，促进农业产业转型升级，打造种养加、产供销、贸工农、农工商、农科教等多种形式一体化经营模式；二是实现产业跨界融合、要素跨界流动、资源集约配置、联农带农紧密、利益分配共享的新格局。

5.3.3 园区孵化引领模式

1. 模式内涵

该模式依托大中城市各级各类农业园区在科技开发、示范、辐射和推广方面的优势，集约配置土地、资金、技术、信息、人才等优质生产要素，带动都市农区的区域农业产业结构升级，整合产业生产、加工、物流、金融、休闲体验等相关服务业，实现产业联动、产业集聚、技术渗透、经营管理创新。

2. 运行机制

由政府引导，提供政策指导、推广宣传，或者由经营主体自发组织整合资源，进行园区基础设施及服务体系建设，带动农户共同发展起来的具有一定规模的农业产业集群。

3. 合作模式

常见的合作模式有3种：从政府引导角度，政府带领对园区整体建设发展方向做统筹工作，协调企业和农户之间的利益关系，建立桥梁协同发展；从企业引领角度，引导企业发挥产业组织优势，自发整合公司及周边农户资源，探索农业生产经营管理新模式，如“公司＋农民合作社＋家庭农场”“公司＋家庭农场”等形式；从联结农民角度，实行农业共营制，引导农民入股园区企业，以股东身份获得收益，共同解决农民收入问题。

4. 发展效果

园区孵化引领模式对各地都市现代农业产业集群化发展效果显著，主要体现在两个方面：一是园区进一步发挥辐射带动作用，实现把经济动力和创新成果从农业园区传导到广大周边地区，带动区域农业整体提升；二是通过“现代农业＋”“美丽乡村＋”模式，推动科技、文化、创意、教育、康养等元素融入农业，丰富乡村业态，带动农民致富。

5.3.4 田园综合体带动模式

1. 模式内涵

该模式是集现代农业、休闲旅游、田园社区为一体的都市乡村综合发展模式，融入低碳环保、循环可持续的发展理念，保持田园乡村景色，在原有的生态农业和休闲旅游基础上进行延伸和发展，以空间创新带动产业优化、链条延伸，拓展农业功能性，形成集循环农业、创意农业、农事体验、休闲观光于一体，田园生产、田园生活、田园生态有机统一的模式。

2. 运行机制

政府引导整体规划方向，农民、农民合作社、社会资本作为直接参与者和运营者，参与生产的同时自觉维护生态环境，村级整合土地、劳动、技术资源，企业整合资金、人才、技术以提供管理和开发，协同打造城乡互动、田园生态、绿色的综合活力型发展平台。

3. 合作模式

常见的合作模式有 3 种：从整体资源共享角度，由政府规划统筹农户和开发企业，达成环境、人才、技术、平台、文化、生产、生态、生活共享，为村集体经济发展探索多元融合，共同合作推进产业业态升级；从利益联结合作角度，鼓励农民、村集体参与入股分红，建立农民可持续增收多元化通道；从资源整合角度，鼓励个体农户和村集体之间达成合作，帮助个体农户就业，实现脱贫致富。

4. 发展效果

田园综合体带动模式对各地都市现代农业产业业态升级发展效果显著，主要体现在 4 个方面：一是有利于将城市与乡村之间市场与资源进行连接；二是有利于改变传统农业生态结构，优化农业经济产业，加速传统农业向现代休闲观光农业的转变；三是有利于增强人们对农业生活和文化的感知，传承保护乡土文化；四是有利于实现乡村现代化和新型城镇化联动发展，推动城乡一体化进程。

5.3.5　生产保障示范模式

1. 模式内涵

该模式通过引导有文化、懂技术、会经营的职业农民，以及大规模经营、较高的集约化程度和市场竞争力的都市现代农业经营组织，为生产经营主体产业提供安全保障。

2. 运行机制

都市现代农业对食品从田头到餐桌全程建立多重保障机制,以企业为主体,在农业生产过程中严格监管,建立统一的质量标准,保证食品生产、加工、运输、批发、零售,全过程均能满足相应标准要求。

3. 合作模式

常见的合作模式有 4 种:一是产地主导供应链与市场直接合作,采用直采、采购、观光采购的方式,通过商贩、农贸市场实现农产品直销;二是以企业为引导核心,形成企业、农户、基地、销售平台的完整供应链,整合生产、加工及销售的合作模式;三是小规模农场自发合作,联合形成供给规模较大的统一经营群体,实现与供应链相关节点的自助式有效对接;四是基于信息技术的产业协同运作模式,企业与第三方或信息中心合作,提供生产保障过程中的技术支撑,利用现代信息技术面向供应链各节点成员提供信息共享、技术创新及整合运作等相关服务。

4. 发展效果

生产保障示范模式对各地都市现代农业农产品绿色发展效果显著,主要体现在 3 个方面:一是在都市现代农业发展过程中保障农产品的生产能力,建设特色农产品标准化生产、加工和仓储物流基地,能够实现劳动力资源的充分利用,有利于提高生产效率和投入要素的使用率;二是按照市场的需求安排农业生产活动,实现与市场有效的衔接,提升重要农产品市场的调控能力;三是深化农产品收储制度改革,加快培育多元市场购销主体,有利于稳定农产品供应链。

5.3.6 郊野生态休闲模式

1. 模式内涵

该模式依托都市农区自然环境,遵循生态性原则、可持续发展原则、经济性原则等,充分满足消费者的多元个性化需求;结合都市现代农业与旅游业新业态,充分利用都市乡村丰富的自然资源、文化资源,为市民、游客提供观光、休闲、娱乐等多种体验活动;紧密连接农业、农产品、服务,结合各种文化意识和创新理念,同时创建当地文化品牌,深挖当地文化内涵。

2. 运行机制

以满足消费者的多元个性化需求为目的,鼓励乡镇提供现有资源支持,引导农村农民进行乡村改造,以上中下游企业为主体,整合一二三产业企业协同推进休闲农业与乡村旅游产业发展,政府协同相关机构提供政策规划支持引导。

3. 合作模式

常见的合作模式有3种:一是政府主导整体规划,农民、农村为经营者,把农民变导游、农村变景点、农活变产品,通过政府政策、资金、项目支持,改善农村现有生活;二是以企业为主导,与村镇合作,搭建邻村公共资源共享,打造农家乐,促进区域农旅协同发展;三是从利益联结角度,构建经济组织机构和村镇之间的紧密合作,农户可以以房屋、土地等形式入股,资本及各类经济实体投资休闲农业、乡村旅游景点、旅游项目、商业网点、交通运输等设施的建设和经营,带动农民实现增收。

4. 发展效果

郊野生态休闲模式对各地都市现代农业乡村生态康养发展效果显著,主要体现在3个方面:一是通过整合资源打造都市生态农业生产园区等,有利于发展壮大村级集体经济,带动农民增产增收;二是有利于推进乡村基础设施建设、提高美化乡村环境,形成生态宜居农村,为市民提供娱乐休闲、体验观光农业园区,提供新的生活体验方式;三是有利于缓解市民工作和生活的双重压力。

5.3.7 农耕文教创新模式

1. 模式内涵

该模式以传承和创新发展都市地区农耕文化为载体，满足市民学农教育的需求，最大限度地保留村庄原始风貌，充分挖掘具有农耕特质、民族特色、地域特点等的物质文化遗产，进而将大中城市农耕文化旅游产业与都市现代农业产业相结合，属于都市现代农业一种全新的文旅创新产业化发展模式。

2. 运行机制

以当地自然、人文资源为依托，村集体、农户提供农业技术服务，以企业为经营主体，导入一些本土农耕文化的产业项目、商户、经营体，以农耕文化体验为主要目的，使特色农区文旅创新产业化发展。

3. 合作模式

常见的合作模式有3种：一是农户与加工企业合作，农户参与农事，探索具有区域特色的农产品，研究农产品衍生价值，共同打造农产品加工品牌；二是企业结合研学中心，共同普及科学、文化等有关知识；三是多个企业机构间进行共赢合作，整合加工企业、旅游企业、传媒企业、艺术类人才机构等共同探索农耕文化旅游价值，共同提高文化景区整体形象和知名度。

4. 发展效果

农耕文教创新模式带动文旅发展效果显著，主要体现在两个方面：一是“农耕文化＋”“文化创新＋管理创新＋技术创新”“农业＋创业”“农业教育基地”等形式从不同层面挖掘、传承区域历史文化和人文精神；二是有利于传承和发扬农耕文化，构建“农耕文化＋乡村旅游＋都市现代农业生产”新型产业结构。

5.3.8　科创智慧驱动模式

1. 模式内涵

该模式将科技成果应用到都市现代农业生产实际，是实现科技成果的转化、实现“科技创新驱动发展战略”的一种新型农业发展模式。

2. 运行机制

依托先进科技，开发科技应用和科技服务等功能，实现农业附加价值提升，构建三产(科技业)带动一产和二产融合发展。由政府部门提供政策指导，以科研机构为主要研发原动力，在农产品生产过程中提供都市农业科技应用和科技服务，帮助农业企业、农业经营主体实现高速、高质量发展。

3. 合作模式

常见的合作模式有 3 种：一是企业和农业组织机构共同建立产业联合体，企业牵头为联合体成员提供物资、种子、种苗等生产服务及技术扶持，提高种植水平，提升地产叶菜商品化率；二是通过企业与农科院、高校、研究院系合作，形成产学研合作，共同提升科技动力；三是通过企业与农技服务企业进行合作，共同构建农业大数据，在融合农学理论和农艺技术的基础上，全面提升农业现代化水平和综合效益。

4. 发展效果

科创智慧驱动模式对各地都市现代农业高质量产业发展效果显著，主要体现在两个方面：一是该模式有利于改善农产品品质、降低生产成本，促进农业结构优化调整，以适应市场对农产品需求优质化、多样化、标准化的发展趋势；二是先进的技术集成是都市现代农业发展的核心动力，重大关键技术的突破能有效破解农业劳动力、土地、资源的瓶颈制约，激发农业的生产潜力，新技术的应用使都市现代农业的增长方式由单纯地依靠资源的外延开发，转移到主要依靠提高资源利用率和持续发展能力的方向，从而节约能耗和改善生态环境。

5.3.9 共享农社对接模式

1. 模式内涵

该模式是指注重发展由农田到大中城市社区居民点对点的直销模式，由农业生产组织者向城市社区消费者直供农产品的新型流通方式。该模式不断将高品质农业生产方式与城市人的健康生活方式加以衔接，构建新型高质量农产品产销直供链条，还将土地、环境、文化、景观等农村资源要素价值化，充分发挥农业观光休闲、文化传承、食农教育、环境保育等多种功能。

2. 运行机制

城乡之间构成直销体系，以农户、合作社等经营主体为经营者，生产并提供农副产品，依托销售平台，直供城市社区消费，越过中间商，达成城乡共享收益。

3. 合作模式

常见的合作模式有 2 种：一是从村镇农户联合发展的角度，由合作社牵头，拉拢周边独立农户，盘活农村闲置资产，扩大种植规模，形成一个集中的生产区域，带动周边农户、农村共同发展；二是从利益合作、减少流通环节的角度，合作社直接与社区超市以共同获利的形式达成合作。

4. 发展效果

共享农社对接模式对各地都市现代农业发展效果显著，主要体现在两个方面：一是充分体现出生态、共享的理念，倡导消费者与生产者“共担风险、共享收益”；二是有利于带动产业联动实现一二三产业融合发展，促进农民致富增收，并传播乡土农耕文化。

5.3.10　种业创新探索模式

1. 模式内涵

该模式通过农业产业加快推进种业关键核心技术攻关，针对种业创新瓶颈问题进行研究探索的方式。该模式协助加快构建更高层次、更高质量、更有效率、更可持续的种业保障体系。

2. 运行机制

以高科技企业为主体，协助农户进行种业创新研究探索，政府以适量的财政资金、政策为杠杆，吸引行业和社会资本加入，在产前充分发挥科技创新力量，达到种业科技成果快速转化的成效。

3. 合作模式

常见的合作模式有 3 种：一是从技术研发资源整合角度，建立种业资源共享机制，鼓励技术研发团队、科创人才等加入，对已有研究建立资源共享，帮助提升探究速度；二是建立产学研合作模式，以企业为主体，整合高校、农技研究中心等资源，协同种业科研和创新；三是由政府牵头，与国际达成研究合作，助力国际种业资源创新探索。

4. 发展效果

种业创新探索模式对各地都市现代农业种业发展效果显著，主要体现在两个方面：一是聚焦种质研发、生产、储备、加工、流通、销售、监管、成果保护等全过程、多环节，推动形成政府、研发机构与企业功能互补、协同高效的新格局；二是积极应对国际粮食安全与种业危机等潜在影响，推进国内外解决种业问题进程。

思考题

1. 结合教材内容，谈谈你对都市农业技术模式和经营模式的理解。

2. 举例思考如何通过技术模式或经营模式的创新，推动都市农业的发展。

3. 辨析国内都市农业技术模式的优势和挑战，提出我国都市农业未来发展方向的猜想。

参考文献

[1] Kozai T. Resource use efficiency of closed plant production system with artificial light: concept, estimation and application to plant factory [J]. Proceedings of the Japan Academy, Series B, 2013,89(10):447-461.

[2] Folta K M. Breeding new varieties for controlled environments [J]. Plant Biology, 2019, 21:6-12.

[3] Schmidt D J E, Pouyat R, Szlavecz K, et al. Urbanization erodes ectomycorrhizal fungal diversity and may cause microbial communities to converge [J]. Nature Ecology & Evolution, 2017,1(5):0123.

[4] 李楚均,陈小梅,温小浩,等. 城市化背景下珠江三角洲常绿阔叶林群落结构及植物多样性[J]. 生态学杂志,2019,38(11):3298.

[5] Dalziel B D, Kissler S, Gog J R, et al. Urbanization and humidity shape the intensity of influenza epidemics in US cities [J]. Science, 2018,362:75-79.

[6] Kelmelis K S, Pedersen D D. Impact of urbanization on tuberculosis and leprosy prevalence in medieval Denmark [J]. Anthropologischer Anzeiger, 2019,76(2).

[7] Chen Y, Liu Q, Guo D. Emerging coronaviruses: genome structure, replication, and pathogenesis [J]. Journal of Medical Virology, 2020,92(4):418-423.

[8] Miller B. Immune system: your best defense against viruses and bacteria from the common cold to the SARS virus [M]. Oak Publication Sdn Bhd, 2018.

[9] Hanski I, von Hertzen L, Fyhrquist N, et al. Environmental biodiversity, human microbiota, and allergy are interrelated [J]. Proceedings of the National Academy of Sciences, 2012,109(21):8334-8339.

[10] Rook G, Bäckhed F, Levin B R, et al. Evolution, human-microbe interactions, and life history plasticity [J]. The Lancet, 2017,390:521-530.

[11] Strachan D P. Hay fever, hygiene, and household size [J]. BMJ: British Medical Journal, 1989,299:1259.

[12] Guan W J, Zheng X Y, Chung K F, et al. Impact of air pollution on the burden of chronic respiratory diseases in China: time for urgent action [J]. The Lancet, 2016, 388:

1939 - 1951.

[13] Prescott C E, Grayston S J. Tree species influence on microbial communities in litter and soil: current knowledge and research needs [J]. Forest Ecology and Management, 2013, 309:19 - 27.

[14] Groffman P M, Cadenasso M L, Cavender-Bares J, et al. Moving towards a new urban systems science [J]. Ecosystems, 2017, 20:38 - 43.

[15] Hui N, Jumpponen A, Francini G, et al. Soil microbial communities are shaped by vegetation type and park age in cities under cold climate [J]. Environmental Microbiology, 2017, 19(3):1281 - 1295.

[16] Hui N, Liu X, Kotze D J, et al. Ectomycorrhizal fungal communities in urban parks are similar to those in natural forests but shaped by vegetation and park age [J]. Applied and Environmental Microbiology, 2017, 83(23):e01797 - 01717.

[17] Qian J, Hospodsky D, Yamamoto N, et al. Size-resolved emission rates of airborne bacteria and fungi in an occupied classroom [J]. Indoor Air, 2012, 22(4):339 - 351.

[18] 付柏淋,吕阳,吉野博,等. 中国典型城市室内灰尘中有害物质的实测研究[C]//中国环境科学学会. 2014 中国环境科学学会学术年会(第三章). 2014.

[19] Adams R I, Bhangar S, Pasut W, et al. Chamber bioaerosol study: outdoor air and human occupants as sources of indoor airborne microbes [J]. PloS One, 2015, 10(5):e0128022.

[20] Barberán A, Dunn R R, Reich B J, et al. The ecology of microscopic life in household dust [J]. Proceedings of the Royal Society B: Biological Sciences, 2015, 282:20151139.

[21] Parajuli A, Grönroos M, Siter N, et al. Urbanization reduces transfer of diverse environmental microbiota indoors [J]. Frontiers in Microbiology, 2018, 9:84.

[22] Hui N, Parajuli A, Puhakka R, et al. Temporal variation in indoor transfer of dirt-associated environmental bacteria in agricultural and urban areas [J]. Environment International, 2019, 132:105069.

[23] Strachan D P. Family size, infection and atopy: the first decade of the 'hygiene hypothesis' [J]. Thorax, 2000, 55:S2.

[24] Bloomfield S F, Rook G A W, Scott E A, et al. Time to abandon the hygiene hypothesis: new perspectives on allergic disease, the human microbiome, infectious disease prevention and the role of targeted hygiene [J]. Perspectives in Public Health, 2016, 136(4):213 - 224.

[25] Rook G A W, Adams V, Hunt J, et al. Mycobacteria and other environmental organisms as immunomodulators for immunoregulatory disorders [C]//Springer seminars in immunopathology. Springer-Verlag, 2004, 25:237 - 255.

[26] Rook G A W. Review series on helminths, immune modulation and the hygiene hypothesis: the broader implications of the hygiene hypothesis [J]. Immunology, 2009, 126(1):3 - 11.

[27] Rintala H, Pitkäranta M, Täubel M. Microbial communities associated with house dust [M]//Advances in applied microbiology. Academic Press, 2012,78:75 - 120.

[28] Bach J F. The effect of infections on susceptibility to autoimmune and allergic diseases [J]. New England Journal of Medicine, 2002,347(12):911 - 920.

[29] Graham-Rowe D. Lifestyle: when allergies go west [J]. Nature, 2011,479:S2 - S4.

[30] Huang C, Wang X, Liu W, et al. Household indoor air quality and its associations with childhood asthma in Shanghai, China: on-site inspected methods and preliminary results [J]. Environmental Research, 2016,151:154 - 167.

[31] 张玉娥,单蓓兰,虞炯,等.上海市普陀区儿童喘息及哮喘流行病学调查[J].临床儿科杂志,2012,30(4):339 - 341.

[32] Smits H H, Everts B, Hartgers F C, et al. Chronic helminth infections protect against allergic diseases by active regulatory processes [J]. Current Allergy and Asthma Reports, 2010,10:3 - 12.

[33] Ege M J, Mayer M, Normand A C, et al. Exposure to environmental microorganisms and childhood asthma [J]. New England Journal of Medicine, 2011,364(8):701 - 709.

[34] Kirjavainen P V, Karvonen A M, Adams R I, et al. Farm-like indoor microbiota in non-farm homes protects children from asthma development [J]. Nature Medicine, 2019,25(7):1089 - 1095.

[35] Rook G, Bäckhed F, Levin B R, et al. Evolution, human-microbe interactions, and life history plasticity [J]. The Lancet, 2017,390:521 - 530.

[36] Haahtela T. A biodiversity hypothesis [J]. Allergy, 2019,74(8):1445 - 1456.

第 6 章　都市农业的综合评价体系

都市农业评价是对都市农业自身发展水平的一种评价，也是对都市农业为城市社会综合发展所做的实际贡献的一种评价。如何科学准确地评估和分析不同区域都市农业的发展水平，构建一套科学合理可操作的都市农业的综合评价体系，成为学术界不断探索的焦点。

指标体系是否科学、合理，直接关系到都市农业发展水平评价结果的可靠性和科学性。因此构建都市农业的综合评价体系主要基于以下几个目的：第一，通过全面系统的指标分解，能够帮助人们透彻地理解都市农业的科学内涵，理解都市农业与农区农业的区别；第二，通过都市农业具体指标值的计算和综合评价，准确把握都市农业的发展水平和发展状况，同时对各地区的都市农业或多个都市农业经营单元进行科学比较，寻找问题，总结经验；第三，通过构建全面系统的指标体系，为都市农业的决策主体提供行动指南。

6.1　评价体系的发展

6.1.1　各类评价指标的发展概述

由于不同学者对评价指标的定义不同，现有体系选取指标范围广泛，权重也在一定程度上存在较强的主观性。现有研究主要从功能角度设置指标，如生产、生活、生态、社会、文化等，在数据收集上受限较大。评价方法上多选择数学模型，主要包括层次分析法、主成分投影法、信息熵法、综合指数法、幂函数法、全要素分析法和数据包络模型等。

近年来，国家及各地的相关部门出台了一系列促进农业农村优先发展的政策文件，为今后都市农业的发展指明了方向。系统了解各类农业政策中评价的关键指标，对构建更加系统合理的都市农业指标体系具有重要的参考价值。当前，我国农业农村领域采纳的规范化评价标准主要有以下几种。《乡村振兴战略规划(2018—2022年)》围绕“产业兴旺、生态宜居、乡风文明、治理有效、生活富裕”的总要求，制定了相关的指标体系，既有约束性的指标(粮食生产、畜禽粪污综合利用)，又有预期性的指标，以约束来保证粮食有效供给与生态环境保护，保证乡村振兴的如期实现。《全国农业现代发展水平评价报告(2016年)》从产业体系、生产体系、经营体系、质量效益、绿色发展、支持保护等6个方面选取23个指标对农业现代化水平进行评价，其中前3个方面侧重对农业现代化建设的过程评价，后3个方面侧重对农业现代化建设的结果评价。《国家现代农业示范区建设水平监测评价办法(试行)》注重以点带面的作用，以示范区建设带动全国现代农业建设，涵盖了物质装备水平、科技推广水平、经营管理水平、支持水平、产出水平、可持续发展水平等维度。“国家农业可持续发展试验示范区(农业绿色发展先行区)评价指标体系”以绿色可持续发展为导向构建评估指标体系，从种植业、畜牧业、渔业、三品一标、农业废弃物、农民生活等维度开展评价。《绿色发展指标体系》(发改环资〔2016〕2635号)围绕生态文明建设构建指标体系，对资源利用、环境治理、环境质量、生态保护、增长质量和绿色生活开展评价。《“菜篮子”市长负责制考核任务分工方案》对“菜篮子”的绿色供给水平提出了更高的要求，围绕生产能力、市场流通能力、质量安全监管能力、调控保障能力和市民满意度开展评价。“中国中小城市科学发展指数指标体系”关注全国中小城市的综合实力，从经济发展、社会指标、生态环境和政府效率4个维度开展评价。《苏州市率先基本实现农业农村现代化评价考核指标体系(2020—2022年)(试行)》聚焦农业现代化、农村现代化、农民现代化、城乡融合4个领域来构建评价体系，在农业农村现代化的基础上新增农民现代化和城乡融合发展这两个方面，体现出以“人”为核心的发展理念。河南省人民政府2020年出台的《关于加快推进农业高质量发展建设现代农业强省的意见》，将“产品质量高、产业效益高、生产效率高、经营者素质高、市场竞争力强、农民收入高”作为今后5年的发展目标。

现有的评价指标体系主要存在3方面的不足：第一，未能凸显都市农业的特征。现有的指标体系基本沿用一般农业的评价模式，只是比较突出生态和现代化程度。实际上都市农业并不仅仅比农区农业的现代化程度高，更重要的是它与都市的经济社会生态高度融合，如果不突出与城市的关系，很难准确地评价都市农业。第二，指标体系的逻辑结构不够严谨和系统。全面性和系统性是指标体系的基本要求，需要通过指标之间的分工和关联实现。现有指标体系中的指标之间存在功能缺失、重叠以及关联度不高的问题。第三，部分指标选择失当。评价中选择了部分与都市农业关系不大的指标。都市农业的评价必须采用与都市农业直接相关的指标：要么影响都市农业，要么是农业活动本身，要么是农业活动的结果。现有指标中很多是关于农村发展和农民收入的指标，但由于受到都市经济的强烈影响，都市农业区域的农村发展和农民收入并不主要是农业的贡献，将这些指标用来衡量都市农业的发展颇为不当。

6.1.2　学术评价沿革

关于都市农业发展水平评价指标体系选取的方法，国外较多的是结合研究区域的都市特色及研究的侧重点，通过专家咨询及理论分析法构建都市农业发展水平评价指标体系。都市农业发展水平评价指标体系的选取不仅仅强调经济产出方面,还要考虑生态的多样性及系统稳定性等方面[1]。因此,除了构建都市农业发展水平的经济效益评价指标体系之外,体现都市农业多功能性的指标体系也应纳入评价范围[2]。FAO 提出了通过界定范围、建立框架、确定参考系、选择指标和确定指标 5 步骤制定农业可持续发展的评价指标[3]。Angeles[4]注重从环境保护的角度构建都市农业发展水平评价指标体系。Moustier[5]在对都市农业发展水平做经济评价时,突出对都市农业的市场价值和现金收入的衡量。Francesco Orsini 等[6]认为都市农业除对城市居民的粮食和营养安全做出了重大贡献外,还在社会经济、文化教育和娱乐,以及维持生物多样性等方面发挥了积极作用。Kazuaki Tsuchiyaa 等[7]从都市农业在联结粮食生产与土地利用方面出发阐释都市农业的可持续性。

国外对都市农业发展水平评价指标体系的选择多从都市农业的可持续性角度出发,由于研究的侧重点不同,评价指标体系的选取也各有侧重。Yeung[8]、Dennery[9]从都市农业的生产力角度对都市农业的可持续性作评价。Fialor[10]认为都市农业的可持续性取决于土地投入使用情况、产出水平及单位产品价格等指标。Drechsel 等[11]、Flynn-Dapaah[12]和 Taylor[13]从都市农业的土地利用角度进行评价。随着都市农业经济的发展,都市农业对大城市就业、收入、农产品价值、社会福利等的作用力及影响程度日益加大。由于都市农业经济具有很强的外部性,因此应将都市农业的经济、生态及社会效益有效结合起来进行综合评价,如社会福利、环境改善等[14],在对都市农业发展水平的经济绩效评价时,更强调都市农业的货币化或市场化内涵。Moustier[5]认为都市农业发展水平的经济效果是指都市农业在就业、收入分配、现金储备、家庭食品提供、农产品增值、都市食物链保障、市场共享等方面的作用程度。

国外对都市农业发展水平评价的分析方法比较成熟完善,其中建立定量评价模型是评价的核心,分析过程中确定权重的方法主要采用定量分析法,其中常用的方法有德尔菲法、层次分析法、试验统计法、现场调查法及数学模型法等[15-16]。在对都市农业发展水平做经济评价时，成本效益分析法、意愿调查价值评估法（CVM）也是都市农业评价的重要方法。Nugent[17]通过利用经济分析来衡量城市和城郊农业的可持续性，使用了成本效益分析和估值分析两种方法。Nasrudin 等[18]通过运用观察法、问卷调查法和 MapInfo 专业软件了解了怡保市都市农业活动之适宜性与需求，通过访谈怡保市委官员、都市农场主及周边都市农区市民，了解了都市农场主对都市农业的看法等，从物理方面、邻近业主、环境和经济 4 个方面，评估了都市区农业规划的适宜性。Darmawan Listya Cahya[19]运用多维标度法（MDS）分析可持续发展状况。Gideon Abagna Azunre 等[20]运用计量模型对都市农业实践，衡量可持续城市的指标，都市农业的经济、社会和环境效益，都市农业对城市的负面影响进行了评价。

国内都市农业发展水平评价指标体系选取的方法主要有定性和定量两类分析方法。定性分析方法包括专家咨询法、频度分析法和理论分析法 3 种。3 种方法中理论分析法是采用较多的一种方法，众多学者依据都市农业的内涵特征，选取理论分析法并结合研究的区域特色构建指标体系，对都市农业的发展水平进行评价。韩士元[21]依据都市农业的特定空间布局、功能多样性、高度智能化和信息化、高度产业化和市场化、发展的可持续性 5 个方面的特征设计了一套评价指标体系。王静等[22]在天津沿海都市现代农业概念的基础上从粮食安全水平、产业化经营水平、现代化生产水平、可持续发展水平和绩效水平 5 个领域评价了天津都市现代农业的发展水平。都市农业是北京建设社会主义新农村的重要组成部分和实现途径，黄映晖等[23]按照新农村建设的基本要求和都市农业的内涵特征，建立了一套北京都市现代农业评价指标体系。定量分析方法是指通过数理统计分析方法对都市农业发展水平的评价指标体系进行简化，常用的方法有聚类分析法、信息熵法、因子分析法、数据包络分析方法(DEA)等。关海玲等[24]基于因子分析法降维的思想把多个评价指标简化为少数几个综合指标,从反映都市农业综合特征的众多变量中提取若干主要的公因子。还有学者采用定性与定量相结合的方法构建评价指标体系,如邓楚雄等[25]采用层次分析法与信息熵法相结合,对上海都市农业的生态安全进行综合评价。

都市农业发展水平评价指标体系选取的大多是依据都市农业的内涵特征、区域特色及研究者对都市农业的理解而设定的指标体系。因此,都市农业发展水平评价指标体系的建立依区域差异及研究者对都市农业理解的不同而有较大的差异。李崇新[26]设计了农村生态环境要素、农业装备要素、农业经营管理要素、农业科技应用要素、农村经济与结构要素、农民生活质量要素。韩士元[21]设计了人均 GDP、科技贡献率、林木覆盖率等 8 项指标。李瑾等[27]设计了生态环境可持续发展指标、经济可持续发展指标和社会可持续发展指标 3 类指标。张学忙[28]从人口、经济、社会、资源、环境 5 个方面构建了 22 项都市农业评价指标体系。黄映辉等[23]设计了农业保障水平、农业综合生产水平、农业生态环境及资源利用水平和农业社会服务水平 4 类指标。文化等[29]从综合生产水平、社会服务水平、生态保障水平、区域和谐、发展能力建设水平 5 个方面设计了 21 项指标。毕然等[30]设计了生态环境水平、农业机械化水平、科技创新、社会服务水平和城乡和谐水平 5 类指标。陈凯等[31]设计了农业投入水平、农业可持续发展、农业产出水平和农村社会发展水平 4 类指标。关海玲等[24]设计了经济发展水平、社会发展水平和生态发展水平 3 类指标。王辉等[32]设计了农业经济能力、农业生态功能、农业社会功能和农业现代化水平 4 类指标。潘迎捷等[33]围绕经济、社会、生态、文化、现代化水平构建指标体系。罗荷花等[34]从农业设施及装备、社会化服务、产业化经营、生产力及经济发展、农村生态环境、财政及信贷支持等角度选取指标。李强等[35]针对都市农业的 3 个层次分别从宏观、区域和微观构建了不同的评价指标体系。蒋和平等[36]从农村发展水平、农业投入水平、农业产出水平、农业可持续发展入手构建都市农业评价指标。

李梦桃等[37]围绕都市农业生产、经济、社会、生态功能进行指标体系的构建。上海财经大学中国现代都市农业竞争力研究课题组等[38]从农产品供给和质量安全、农业生态和可持续发展、三产融合、农村居民生活水平、科技化水平、物质技术装备水平、政府支持与农业保障水平等角度选取相关指标。

6.2　都市农业评价指标体系的构建思路

6.2.1　评价原则

“中国都市现代农业发展评价指标体系”遵循以下 5 个原则：一是延续性，即沿用原有指标体系的基本框架和总体思路；二是前瞻性，即各项指标均能反映全国都市现代农业发展的最新动态，随着时代发展的趋势，指标的权重客观微调；三是导向性，即体现都市现代农业区别于大农业的特殊性，以助推乡村振兴战略为统领，重视发挥指标体系对城市发展的引导作用；四是创新性，即围绕新时代大中城市“新三农”事业发展的新要求，体现出一二三产业融合的新特征；五是可操作性，即指标数量简明实用，数据权威可靠、易获得、可量化，且城市上报数据的统计含义明确、口径一致。

6.2.2　体系设置

“中国都市现代农业发展评价指标体系”围绕新时期我国都市现代农业发展的目标任务，设定了 5 项一级指标。各指标及其权重分布如下：重要农产品保障能力的权重为 20%，农业生态与可持续发展水平的权重为 24%，三产融合发展水平的权重为 22%，农业先进生产要素聚集水平的权重为

18%,现代农业经营水平的权重为16%。各项评价指标名称及权重分布情况如表6-1所示。

表6-1 中国都市现代农业发展评价指标体系(UASJTU)

一级指标		二级指标		
名称	权重	序号	名称	单位
重要农产品保障能力	20%	(1)	主要"菜篮子"产品保障水平	%
		(2)	耕地保有率	%
		(3)	农产品质量安全综合抽检合格率	%
		(4)	二品认证农产品产量比率	%
		(5)	粮食安全稳定度	%
农业生态与可持续发展水平	24%	(1)	化肥施用强度	千克/亩
		(2)	农药施用强度	千克/亩
		(3)	秸秆综合利用率	%
		(4)	畜禽粪污综合利用率	%
三产融合发展水平	22%	(1)	农产品加工业与农业总产值比	—
		(2)	农业生产性服务业发展水平	%
		(3)	休闲农业与乡村旅游发展水平	—
		(4)	高质量产业化平台建设水平	—
农业先进生产要素聚集水平	18%	(1)	农业科创平台建设水平	—
		(2)	农林水事务支出占一产增加值的比重	%
		(3)	农村金融服务水平	—
		(4)	设施大棚占比	%
现代农业经营水平	16%	(1)	农业劳动生产率	元/人
		(2)	农业土地产出率	元/亩
		(3)	农村居民恩格尔系数	%
		(4)	城乡居民收入比	—
		(5)	农村居民人均可支配收入	元
		(6)	农产品品牌建设水平	%

6.2.3　指标说明

1. 重要农产品保障能力

（1）主要“菜篮子”产品保障水平：指各城市蔬菜、肉类、水产品、鲜奶、水果以及禽蛋等“菜篮子”产品一周内应急保障能力的算数平均值。该指标新增了对蔬菜和水果等农产品损耗率的考虑。计算方法如下：

主要“菜篮子”产品保障水平＝周平均产量÷周最低需求量×100%

周平均产量＝主要“菜篮子”产品全年总产量×(1－损耗率)÷52

周最低需求量＝常住人口数量×每周人均最低需求量

数据来源：主要“菜篮子”产品人均最低需求量参考《中国居民膳食指南2021》的最低标准，其中蔬菜和鲜奶为 2 100 克/周，水产品为 280 克/周，肉类和禽蛋为 280 克/周，水果为 1 400 克/周；损耗率来自农业农村部食物与营养发展研究所的调查研究，其中蔬菜损耗率为 27.7%，水果损耗率为 13.2%；主要“菜篮子”产品产量与常住人口数量来自城市统计年鉴。

说明：各类“菜篮子”产品保障水平的计算结果大于等于 1 时，则取值为1；计算结果小于 1 时，则按实际数据计算。

（2）耕地保有率：指当年耕地面积占上一年耕地面积的百分比，反映各城市土地资源的保障能力和“菜篮子”产品生产供应能力。计算方法如下：

耕地保有率＝当年耕地面积÷上一年耕地面积×100%

数据来源：历年耕地面积来自各城市统计部门的公开资料，部分城市耕地面积来自城市上报。

（3）农产品质量安全综合抽检合格率：指农业行政主管部门对城市生产的蔬菜、畜禽产品、水果和水产品开展的例行监测中合格农产品所占的比重，是反映食用农产品质量安全水平的重要指标。该指标新增“水果质量安全综

合抽检合格率”(简写为“水果抽检合格率”)。计算方法如下:

农产品质量安全综合抽检合格率=(蔬菜抽检合格率+畜禽产品抽检合格率+水果抽检合格率+水产品抽检合格率)÷4

数据来源:农业农村部农产品质量安全监管局。

(4) 二品认证农产品产量比率:指城市生产的绿色食品和有机食品占全市自产农产品产量的比重,是反映农产品安全水平和标准化生产水平的重要指标。该指标名称由“三品认证农产品产量比率”调整为“二品认证农产品产量比率”,删除了无公害农产品产量。计算方法如下:

二品认证农产品产量比率=(绿色食品产量+有机食品产量)÷全市自产农产品产量×100%

数据来源:部分城市二品认证农产品产量比率来自城市上报;绿色食品产量和有机食品产量来自农业农村部绿色食品发展中心;全市自产农产品产量来自各城市公开统计资料,主要品种包括粮食、油料作物、蔬菜、水果、肉类、水产品、鲜奶以及禽蛋。

(5) 粮食安全稳定度:指各城市近3年粮食年产量的波动情况,是反映粮食安全稳定情况的重要指标。计算方法如下:

粮食安全稳定度=当年粮食年产量÷近3年粮食年产量均值×100%

数据来源:各城市统计年鉴。

2. 农业生态与可持续发展水平

(1) 化肥施用强度:指化肥施用量(折纯)与农作物总播种面积的比值。该指标分母由“耕地面积”调整为“农作物总播种面积”。计算方法如下:

化肥施用强度=化肥施用量÷农作物总播种面积

数据来源:各城市统计年鉴。

（2）农药施用强度：指农药施用量与农作物总播种面积的比值。该指标分母由“耕地面积”调整为“农作物总播种面积”。计算方法如下：

农药施用强度＝农药施用量÷农作物总播种面积

数据来源：各城市统计年鉴。

（3）秸秆综合利用率：指秸秆综合利用量占秸秆可收集资源量的百分比。计算方法如下：

秸秆综合利用率＝秸秆综合利用量÷秸秆可收集资源量×100%

数据来源：各城市上报资料。

（4）畜禽粪污综合利用率：指综合利用的畜禽粪污量占畜禽粪污产生总量的百分比。该指标名称由“畜禽粪便综合利用率”调整为“畜禽粪污综合利用率”。计算方法如下：

畜禽粪污综合利用率＝综合利用的畜禽粪污量÷畜禽粪污产生总量×100%

数据来源：各城市上报资料。

3. 三产融合发展水平

（1）农产品加工业与农业总产值比：指该城市农产品加工业产值与农林牧渔业总产值的比值。计算方法如下：

农产品加工业与农业总产值比＝农产品加工业产值÷农林牧渔业总产值

数据来源：农产品加工业产值来自各城市上报资料；农林牧渔业总产值来自城市上报或统计年鉴。

（2）农业生产性服务业发展水平：指各城市农林牧渔服务业产值占农林牧渔业总产值的比重，反映各城市农业服务业发展水平。计算方法如下：

农业生产性服务业发展水平＝农林牧渔服务业产值÷农林牧渔业总产值×100%

数据来源：各城市统计年鉴。

（3）休闲农业与乡村旅游发展水平：指各城市全国休闲农业与乡村旅游重点镇村、中国美丽休闲乡村、全国星级休闲农业与乡村旅游企业（园区）发展情况。该指标组成由“全国休闲农业与乡村旅游示范县”调整为“全国休闲农业与乡村旅游重点镇村”；增加“中国美丽休闲乡村”评定指标。计算公式如下：

$$\begin{aligned}\text{休闲农业与乡村旅游发展水平} = & \text{全国休闲农业与乡村旅游重点镇村个数} \times 1 \times \frac{1}{3} \\ & + \text{中国美丽休闲乡村个数} \div 3.52 \times \frac{1}{3} \\ & + (\text{三星级企业个数} \times 0.6 + \text{四星级企业个数} \times 0.8 \\ & + \text{五星级企业个数} \times 1.0) \div 8.08 \times \frac{1}{3}\end{aligned}$$

数据来源：农业农村部、文化和旅游部、中国旅游协会休闲农业与乡村旅游分会。

（4）高质量产业化平台建设水平：该数据为新增指标，由城市国家现代农业产业园、全国农业产业强镇、国家农村产业融合发展示范园、全国优势特色产业集群、农业农村部定点批发市场5项数据进行城市高质量产业化平台建设水平综合分析，反映各城市通过农业产业化平台促进产业振兴建设的效果。计算方法如下：

$$\begin{aligned}\text{高质量产业化平台建设水平} = & \text{国家现代农业产业园标准化数据} \times 0.2 \\ & + \text{全国农业产业强镇标准化数据} \times 0.2 \\ & + \text{国家农村产业融合发展示范园标准化数据} \times 0.2 \\ & + \text{全国优势特色产业集群标准化数据} \times 0.2 \\ & + \text{农业农村部定点批发市场标准化数据} \times 0.2\end{aligned}$$

数据来源:农业农村部。

4. 农业先进生产要素聚集水平

(1) 农业科创平台建设水平:指城市农村创新创业示范县和国家农业科技园区的农业科技要素对都市现代农业发展的支撑水平。结合农业农村部乡村发展司作废“农村创业创新园区”评定名单,该指标调整更新为“全国农村创业创新典型县”评定;该数据增加“国家农业科技园区”评定指标。计算方法如下:

$$\text{农业科创平台建设水平} = \text{全国农村创业创新典型县标准化数据} \times 0.5 + \text{国家农业科技园区标准化数据} \times 0.5$$

数据来源:农业农村部。

(2) 农林水事务支出占一产增加值的比重:指城市农林水事务支出与一产增加值的比值。计算方法如下:

$$\text{农林水事务支出占一产增加值的比重} = \text{农林水事务支出} \div \text{一产增加值} \times 100\%$$

数据来源:一产增加值来自《中国城市统计年鉴》;城市农林水事务支出来源于各城市统计年鉴。

(3) 农村金融服务水平:指各城市农业保险深度和单位农林牧渔业增加值的信贷资金投入的算术平均值,反映出农业风险防范能力和农业金融对都市现代农业发展的支持程度。计算方法如下:

$$\text{农村金融服务水平} = (\text{农业保险深度} + \text{单位农林牧渔业增加值的信贷资金投入}) \div 2$$

$$\text{农业保险深度} = \text{农业保费收入} \div \text{农林牧渔业增加值} \times 100\%$$

$$\text{单位农林牧渔业增加值的信贷资金投入} = \text{农林牧渔业贷款余额} \div \text{农林牧渔业增加值}$$

数据来源:农业保费收入来自中国保险年鉴;农林牧渔业贷款余额由城市上报或来自该地中国人民银行分支机构统计资料。

(4) 设施大棚占比:指各城市为蔬菜生长发育提供良好的环境条件而进行的有效生产的设施大棚面积占农作物总播种面积之比,是反映城市设施农业发展水平的重要指标。计算公式如下:

设施大棚占比 = 设施大棚面积 ÷ 农作物总播种面积 × 100%

数据来源:农作物总播种面积来自各城市统计年鉴;设施大棚面积由各城市上报。

5. 现代农业经营水平

(1) 农业劳动生产率:指城市的一产增加值与从业人员数量的比值。计算方法如下:

农业劳动生产率 = 一产增加值 ÷ 从业人员数量

数据来源:城市的一产增加值来源于《中国城市统计年鉴》;农业从业人员数据来源于各城市统计年鉴。

(2) 农业土地产出率:指城市的一产增加值与城市耕地面积的比值。计算方法如下:

农业土地产出率 = 一产增加值 ÷ 耕地面积

数据来源:一产增加值来源于《中国城市统计年鉴》;耕地面积来源于各城市统计年鉴。

(3) 农村居民恩格尔系数:指食物支出金额在消费性总支出金额中所占的比例。计算方法如下:

农村居民恩格尔系数 = 食品支出金额 ÷ 消费性总支出金额 × 100%

数据来源:各城市统计年鉴。

(4) 城乡居民收入比:指各城市城镇居民人均可支配收入与农村居民人均可支配收入的比值。计算方法如下:

城乡居民收入比 = 城镇居民人均可支配收入 ÷ 农村居民人均可支配收入

数据来源:各城市统计年鉴。

(5) 农村居民人均可支配收入:指农村居民可用于最终消费支出和储蓄的总和。

数据来源:各城市统计年鉴。

(6) 农产品品牌建设水平:由国家地理标志农产品数量来反映各城市农产品品牌的发展水平。该指标删除"一百个专业合作社占比"和"一百个区域公用品牌"的计算,调整后计算方法如下:

农产品品牌建设水平 = 城市国家地理标志农产品数量 ÷ 总数 × 100%

数据来源:农业农村部。

6.3 评价测算

6.3.1 综合评价结果

2019年和2020年,在各地政府的大力支持和积极引导下,各城市都市现代农业呈稳步发展态势,由北京和东南沿海城市引领,逐渐走向各城市均衡发展。2020年,更多中部城市跻身综合评价排名前十,逐步形成协同发展的格局。与2018年相比,深圳、天津、广州、太原、呼和浩特等城市综合评价排名上升明显。同时,东北及西部城市总体具备较大提升空间。

2020年综合评价位列前十的城市为:上海、北京、天津、成都、南京、青岛、郑州、大连、宁波和武汉(见表 6-2)。2019 年综合评价位列前十的城市为上海、北京、南京、成都、天津、青岛、郑州、大连、宁波、银川(见表 6-3)。

表 6-2 2020 年我国部分城市都市现代农业发展指数

城市	重要农产品保障能力指数	农业生态与可持续发展水平指数	三产融合发展水平指数	农业先进生产要素集聚水平指数	现代农业经营水平指数	综合指数
北京	10.19	12.47	13.71	13.78	6.19	56.34
天津	13.95	18.66	9.57	3.29	6.67	52.14
石家庄	10.51	17.26	5.75	0.89	4.91	39.32
太原	6.58	19.39	7.39	2.85	6.09	42.30
呼和浩特	14.75	20.02	2.57	1.29	4.49	43.12
沈阳	13.84	13.31	2.85	1.01	3.71	34.71
长春	11.73	15.79	4.56	1.40	2.93	36.41
哈尔滨	13.45	17.26	3.07	2.30	5.84	41.92
上海	13.73	19.32	11.81	8.56	6.17	59.60
南京	9.87	21.10	7.64	5.47	6.79	50.88
杭州	11.57	15.29	4.86	1.68	9.87	43.27
合肥	8.57	19.94	2.26	1.32	6.47	38.57
福州	11.78	14.16	4.27	1.23	6.12	37.54
南昌	11.71	18.93	6.64	0.80	4.85	42.93
济南	13.79	17.76	2.57	0.97	4.93	40.01
郑州	7.99	20.92	8.35	1.81	7.93	46.99
武汉	12.81	19.25	6.91	0.54	7.21	46.71
长沙	11.37	10.81	11.39	1.60	10.21	45.37
广州	8.13	14.81	10.23	1.02	6.08	40.27
南宁	11.35	17.62	3.85	0.72	3.79	37.33
海口	10.47	10.69	3.11	2.90	3.11	30.27

续　表

城市	重要农产品保障能力指数	农业生态与可持续发展水平指数	三产融合发展水平指数	农业先进生产要素集聚水平指数	现代农业经营水平指数	综合指数
重庆	12.59	14.49	8.99	2.93	5.55	44.56
成都	11.72	21.04	7.39	3.86	7.20	51.22
贵阳	10.73	18.49	3.56	0.70	5.99	39.48
昆明	11.70	17.30	4.02	1.92	4.23	39.16
西安	8.63	16.55	5.70	2.65	3.71	37.23
兰州	11.05	14.28	3.62	1.69	2.72	33.34
西宁	11.98	16.23	1.51	1.75	3.09	34.57
银川	11.86	20.00	5.69	2.86	3.97	44.39
乌鲁木齐	12.37	12.61	3.97	2.46	7.73	39.13
大连	15.55	17.37	5.55	1.04	7.38	46.88
青岛	19.19	17.11	5.14	1.61	7.48	50.54
宁波	12.48	15.31	5.72	1.66	11.65	46.82
厦门	9.97	16.04	5.91	2.37	5.00	39.28
深圳	9.09	21.19	1.11	6.29	5.24	42.93
拉萨	8.97	17.80	1.82	6.06	3.34	37.99

表 6-3　2019 年我国部分城市都市现代农业发展指数

城市	重要农产品保障能力指数	农业生态与可持续发展水平指数	三产融合发展水平指数	农业先进生产要素集聚水平指数	现代农业经营水平指数	综合指数
北京	6.22	11.62	14.10	13.31	6.99	52.24
天津	12.26	17.09	9.55	3.20	7.05	49.14
石家庄	9.65	17.59	5.43	0.65	5.00	38.31
太原	6.38	16.53	6.91	2.38	6.56	38.76
呼和浩特	13.46	17.45	2.41	0.81	4.51	38.64

续 表

城市	重要农产品保障能力指数	农业生态与可持续发展水平指数	三产融合发展水平指数	农业先进生产要素集聚水平指数	现代农业经营水平指数	综合指数
沈阳	11.47	12.67	2.94	0.77	3.76	31.61
长春	9.75	15.46	4.45	1.44	4.16	35.27
哈尔滨	12.43	12.82	3.48	1.11	5.41	35.25
上海	11.27	19.07	10.64	7.94	6.44	55.36
南京	10.91	21.11	7.15	5.47	7.00	51.63
杭州	10.84	15.79	4.18	1.78	9.94	42.54
合肥	11.13	17.48	2.00	1.29	6.07	37.97
福州	10.40	13.52	4.03	1.41	5.56	34.92
南昌	9.56	18.04	6.90	0.54	3.80	38.84
济南	11.47	17.26	1.80	0.95	5.10	36.58
郑州	8.88	18.55	8.38	1.69	8.17	45.67
武汉	10.84	16.57	7.40	0.44	8.03	43.27
长沙	7.72	12.05	10.03	1.62	9.89	41.31
广州	8.88	13.03	10.73	0.98	5.44	39.05
南宁	10.48	14.66	4.05	0.42	3.72	33.33
海口	11.48	11.65	2.85	1.60	2.58	30.15
重庆	12.20	14.07	9.07	3.56	5.51	44.40
成都	11.47	20.80	7.25	3.71	6.89	50.12
贵阳	6.39	17.56	2.99	0.56	6.44	33.94
昆明	12.89	15.61	4.07	2.04	4.20	38.83
西安	7.95	16.69	5.33	2.55	4.26	36.78
兰州	10.79	13.46	2.88	1.20	2.69	31.02
西宁	10.06	15.61	1.97	1.88	3.27	32.79
银川	12.01	20.31	5.75	2.36	4.19	44.63

续　表

城市	重要农产品保障能力指数	农业生态与可持续发展水平指数	三产融合发展水平指数	农业先进生产要素集聚水平指数	现代农业经营水平指数	综合指数
乌鲁木齐	12.28	11.72	4.41	4.96	7.78	41.15
大连	14.50	16.84	5.05	1.09	7.56	45.05
青岛	16.96	16.62	4.70	1.86	8.04	48.18
宁波	9.32	16.66	5.65	1.75	11.50	44.88
厦门	9.49	21.83	5.26	1.85	4.80	43.23
深圳	9.69	18.75	0.72	3.84	5.40	38.40
拉萨	8.84	16.56	1.85	6.26	2.88	36.39

6.3.2　分类评价结果

36 个大中城市在各自不同的资源禀赋和社会经济发展水平的影响下，在都市现代农业评价的各个方面显示出不同的发展特色。

1. 2020 年分项评价结果

在重要农产品保障能力方面，评价排名前十的城市分别是：青岛、大连、呼和浩特、天津、沈阳、济南、上海、哈尔滨、武汉、重庆。

在农业生态可持续发展水平方面，评价排名前十的城市分别是：深圳、南京、成都、郑州、呼和浩特、银川、合肥、太原、上海、武汉。

在三产融合发展水平方面，以下十个城市跻身发展前列，分别为：北京、上海、长沙、广州、天津、重庆、郑州、南京、太原、成都。

在农业先进生产要素聚集水平方面，位居全国前十的城市为：北京、上海、深圳、拉萨、南京、成都、天津、重庆、海口、银川。

在现代农业经营水平方面，以下十个城市表现突出，分别为：宁波、长沙、杭州、郑州、乌鲁木齐、青岛、大连、武汉、成都、南京。

2. 2019年分项评价结果

在重要农产品保障能力方面，评价排名前十的城市分别是：青岛、大连、呼和浩特、昆明、哈尔滨、乌鲁木齐、天津、重庆、银川、海口。

在农业生态可持续发展水平方面，评价排名前十的城市分别是：厦门、南京、成都、银川、上海、深圳、郑州、南昌、石家庄、贵阳。

在三产融合发展水平方面，以下十个城市跻身发展前列，分别为：北京、广州、上海、长沙、天津、重庆、郑州、武汉、成都、南京。

在农业先进生产要素聚集水平方面，位居全国前十的城市为：北京、上海、拉萨、南京、乌鲁木齐、深圳、成都、重庆、天津、西安。

在现代农业经营水平方面，以下十个城市表现突出，分别为：宁波、杭州、长沙、郑州、青岛、武汉、乌鲁木齐、大连、天津、南京。

6.4 聚类分析

基于都市现代农业发展评价的大城市聚类分析，旨在将大城市分成不同类型，从而对同类型城市的都市现代农业发展进行类内比较，对不同类型城市的都市现代农业发展进行类间分析。

6.4.1 城市聚类的必要性

一是有利于更好地把握都市现代农业发展演进的规律性。都市现代农业是伴随现代都市的发展而发育成长起来的新型农业形态，其发展需经历从乡村农业到城郊农业再到都市农业的逐渐演变过程，城市的整体发展状况决定都市现代农业的演变进程和发育阶段。我国的城市发展不仅不平衡，而且成熟程度各异，都市现代农业处于不同的发育成长阶段。从都市现代农业发展评价的角度对城市进行分类，可以更好地把握都市现代农业发展演进的规律性。

二是有利于更好地对同类城市都市现代农业发展指数进行评比。由于不同城市经济社会发展水平、城市生态环境质量和农业资源禀赋上存在差异，学术界对城市的分类标准也难以适应都市现代农业发展评价，通过聚类分析后确定的同类型城市的经济社会发展水平、生态环境质量和农业资源禀赋具有综合相似性，都市现代农业的发展水平和发育程度也更具可比性。

三是有利于更好地对不同类型城市都市现代农业发展分类指导。实施分类评价可为我国大城市都市现代农业发展进行分类指导提供依据，增强不同类型城市都市现代农业发展的导向性，有利于各类城市找准自身方位和参照坐标，形成切合实际的依托城市、服务城市的都市现代农业发展思路与模式。

6.4.2　依据与方法

1. 聚类方法

聚类分析是将研究对象分为相对同质群组进行统计分析的技术，可按照多个方面的特征将研究对象进行综合分类。都市现代农业发展分类评价的前提是分出同质城市的集合，涉及城市经济社会发展水平、城市生态环境质量和农业资源禀赋 3 大类因素。采用系统聚类法中的离差平方和法（又称 Ward 法），力求同类城市的内部差异尽可能小，不同类城市之间的差异尽可能大，突出同类城市之间的相似性和不同类城市之间的差异性。离差平方和法的原理是以欧氏距离作为两类之间的距离，先将样本集合中每个样本自成一类，在进行类别合并时，计算类重心间方差，将离差平方和增加幅度最小的两类首先合并，再依次将所有类别逐级合并。

2. 聚类指标

基于都市现代农业发展评价的城市聚类指标涵盖城市经济社会发展水平、城市生态环境质量和农业资源禀赋 3 个方面（见表 6－4）。

表 6-4 基于都市现代农业发展评价的 36 个大城市聚类指标

指标	指标名称	计算公式
经济社会发展水平	人均 GDP	城市生产总值/城市常住人口
	人口密度	城市常住人口数量/市域国土面积
	产业密度	城市生产总值/市域国土面积
	土地开发强度	城市建设用地面积/市域国土面积
	第一产业增加值占比	第一产业增加值/城市生产总值
	城镇居民人均可支配收入	(家庭总收入－交纳的所得税－个人交纳的社会保障支出)/家庭人口
生态环境质量	人均绿地面积	城市绿地面积/城市常住人口数量
	森林覆盖率	城市森林面积/市域国土面积
	工业废气排放强度	城市工业废气排放量/城市生产总值
	二氧化硫排放强度	(城市工业源二氧化硫排放量＋城市生活源二氧化硫排放量)/城市生产总值
	氮氧化物排放强度	(城市工业源氮氧化物排放量＋城市生活源氮氧化物排放量)/城市生产总值
	烟(粉)尘排放强度	[城市工业源烟(粉)尘排放量＋城市生活源烟(粉)尘排放量]/城市生产总值
	废水排放强度	(城市工业源废水排放量＋城市生活源废水排放量)/城市生产总值
	化学需氧量排放强度	(城市工业源化学需氧量排放量＋城市生活源化学需氧量排放量)/城市生产总值
	氨氮排放强度	(城市工业源氨氮排放量＋城市生活源化氨氮排放量)/城市生产总值
农业资源禀赋	人均耕地面积	市域耕地面积/城市常住人口数量
	人均林地面积	市域林地面积/城市常住人口数量

数据来源：人均 GDP、常住人口数量、市域国土面积、建设用地面积和第一产业增加值等 5 个指标来自《中国城市统计年鉴》，城镇居民人均可支配收入、耕地面积、林地面积等 3 个指标来自各城市统计年鉴，绿地面积来源于《中国城市统计年鉴》，森林覆盖率来自各个城市的统计年鉴，工业废气排放量、二氧化硫排放量、氮氧化物排放量、烟(粉)尘排放量、废水排放量、化学需氧量排放量、氨氮排放量来自《中国环境统计年鉴》。

城市经济社会发展水平由人均GDP、人口密度、产业密度、土地开发强度、第一产业增加值占比和城镇居民人均可支配收入6个指标表征。城市经济社会发展水平是支撑都市现代农业发展的推动性基础，决定都市现代农业的内涵和特征。一般而言，城市经济社会发展水平越高，人均GDP、人口密度、产业密度、土地开发强度和城镇居民人均可支配收入5个指标值越大，第一产业增加值占比越小。城市经济社会发展对都市现代农业发展形成动力源泉，一是可提供强有力的物质装备、农业科技、人力资本等农业先进生产要素的支持，二是产生强烈的生鲜农产品保障供给、郊野休闲旅游等都市现代农业特定功能需求，二者共同构成都市现代农业发展的重要引擎。

城市生态环境质量由污染物排放强度、人均绿地面积和森林覆盖率3个维度9个指标表征，是都市现代农业发展的功能性需求，决定都市现代农业主导功能的定位。都市现代农业表现为典型的多功能农业，在农业的多种功能中，不同类型都市现代农业的主导功能因城市的差异有所不同。城市生态环境质量欠佳的城市，对农业的环境维护功能诉求相对较强，从而需要将该功能确定为主导功能。种植业和林业对大气和水中的污染物具有过滤、清除等净化作用，养殖业则可通过有机肥替代化肥减轻种植业的面源污染，同样具有环境维护功能。污染物排放强度越大，对都市现代农业的环境维护功能的需求就越大。绿地和森林是城市生态系统的重要部分，人均绿地面积和森林覆盖率偏小的城市，也需要都市现代农业发挥环境维护功能。

农业资源禀赋由人均耕地面积和人均林地面积两个指标表征。其他有关指标如人均园地面积、水资源状况等亦颇为重要，但限于统计数据的可获得性只得暂时舍弃。农业资源禀赋是都市现代农业发展的前提条件，决定都市现代农业发展的规模和发育。农业资源禀赋充裕，往往易做大规模，但也因之导致都市现代农业发育较慢，特征也相对不明显。

6.4.3 聚类结果

中国都市现代农业评价方法运用统一的计算模型,数据客观公正。然而,用同一把尺子衡量和排名,没有考虑城市间的差异性,特别是36个大中城市在资源禀赋条件、社会经济文化水平及城市生态环境方面存在一定差异。为达到同类城市的可比性,实现更加客观的评价目的,将36个城市分成资源紧缺型、资源均衡型、地域广袤型、环境约束型4种类别(见表6-5)。

表6-5 基于都市现代农业发展评价的36个大城市聚类结果

类别	城 市 名 称	数量
资源紧缺型	广州,南京,上海,深圳,厦门	5
资源均衡型	北京,长沙,成都,大连,福州,贵阳,海口,杭州,合肥,呼和浩特,济南,昆明,南昌,宁波,青岛,沈阳,天津,武汉,西安,郑州	20
地域广袤型	长春,重庆,哈尔滨,南宁	4
环境约束型	拉萨,兰州,石家庄,太原,乌鲁木齐,西宁,银川	7

注:本表按城市名拼音顺序排列。

各类城市的特征如下。

资源紧缺型城市的主要特征是城市经济社会发展水平高,市域面积小,人口密度、产业密度和土地开发强度大,农业严重资源不足,生态空间逼仄,环境压力巨大。

资源均衡型城市的特征是大部分城市的经济社会发展水平、农业资源禀赋和城市生态环境质量都处于中间状态。少数城市如北京,尽管经济社会发展水平很高,人口密度、产业密度和人均耕地都与资源紧缺型城市接近,但因其森林覆盖率和人均林地面积都较大,土地开发强度相对较小,这类城市多数有相当的农业资源和生态空间，环境压力不及资源紧缺型城市。

地域广袤型城市数量最少，特征是市域辽阔，面积在 2 万千米^2 以上。经济社会发展水平处于中下游，中心城区有广袤的乡村腹地支撑，农业资源充裕，生态空间开阔，环境压力得到相当程度化解。

环境约束型城市地处中西部地区，经济发展水平较低。多数城市生态空间虽不缺乏，但生态敏感性较强，环境压力仍面临一定程度的挑战。

6.4.4　聚类后的城市排序

纵览两年评价情况，上海、北京、重庆和银川继续领衔 4 类城市都市现代农业发展水平；资源紧缺型城市中，上海和南京持续占据榜首；资源均衡型城市中，北京和成都稳步领先，天津后来居上；地域广袤型城市中，重庆持续保持第一；环境约束型城市中，银川继续位居前列，太原与 2018 年相比进步明显。

评价结果显示，我国 4 类城市资源禀赋不同、经济发展水平有所差异。在 2019 年、2020 年都市现代农业评价中，资源紧缺型、资源均衡型两类城市均有综合评价跻身全国前十的城市。相比之下，地域广袤型、环境约束型城市的表现稍逊，仅有银川在 2019 年跻身全国前十。但地域广袤型城市较以往有明显进步，其中，重庆由 2018 年全国综合排名第 16 上升到 2019 年的全国第 11、2020 年的全国第 12。环境约束型城市在都市现代农业发展中还有较大提升空间。

结合各个城市的都市现代农业综合总体发展评价与城市聚类结果，2020 年和 2019 年的整体评价结果如表 6－6 和表 6－7 所示。

表 6-6 基于城市聚类结果的 2020 年都市现代农业发展总体评价排名

资源紧缺型	资源均衡型		地域广袤型	环境约束型
1. 上海	1. 北京	11. 呼和浩特	1. 重庆	1. 银川
2. 南京	2. 天津	12. 南昌	2. 哈尔滨	2. 太原
3. 深圳	3. 成都	13. 济南	3. 南宁	3. 石家庄
4. 广州	4. 青岛	14. 贵阳	4. 长春	4. 乌鲁木齐
5. 厦门	5. 郑州	15. 昆明		5. 拉萨
	6. 大连	16. 合肥		6. 西宁
	7. 宁波	17. 福州		7. 兰州
	8. 武汉	18. 西安		
	9. 长沙	19. 沈阳		
	10. 杭州	20. 海口		

表 6-7 基于城市聚类结果的 2019 年都市现代农业发展总体评价排名

资源紧缺型	资源均衡型		地域广袤型	环境约束型
1. 上海	1. 北京	11. 南昌	1. 重庆	1. 银川
2. 南京	2. 成都	12. 昆明	2. 长春	2. 乌鲁木齐
3. 厦门	3. 天津	13. 呼和浩特	3. 哈尔滨	3. 太原
4. 广州	4. 青岛	14. 合肥	4. 南宁	4. 石家庄
5. 深圳	5. 郑州	15. 西安		5. 拉萨
	6. 大连	16. 济南		6. 西宁
	7. 宁波	17. 福州		7. 兰州
	8. 武汉	18. 贵阳		
	9. 杭州	19. 沈阳		
	10. 长沙	20. 海口		

6.5 指数与方法的完善

今后，都市农业体系的完善需在重要农产品保障能力、农业生态与可持续发展水平、三产融合发展水平、农业先进生产要素聚集水平、现代农业经营水平的基础上，进一步聚焦都市农业助推乡村振兴、都市农业联结城乡融合、都市农业高质量发展等方向进行不断完善。

首先，指标体系构建时，尽量避免主观性选择指标，要结合评价目的和评价内容选择关键性指标，然后运用主成分分析法为核心的因子分析法，合理消除重叠的指标，使构建的指标更科学、客观。

其次，指标体系选取时不能仅仅在产出指标体系的基础上增加一些生态环境及资源类指标，还要注重各指标体系之间的关联性，选择能反映都市农业内涵及特色的关键性评价指标体系，如休闲观光、社会及文化等指标，突出都市农业的多功能性特征。

再次，对都市农业发展水平评价时，除了对某一城市的都市农业发展水平做比较之外，针对同一评价目的，还要加强对不同城市的都市农业发展水平的横向对比，使研究更有现实意义。

最后，评价的过程及评价的方法尽量减少权重赋值等主观价值倾向对评价结果的影响，多选择数学模型的构建和使用，降低指标评价的主观性[39]。

思考题

1. 结合教材内容，浅析什么是都市农业评价以及都市农业评价的目的与重要性，思考评价的步骤与功能。

2. 利用现有都市农业指标体系，测算某一城市的都市农业最新发展情况。

3. 思考如何进一步完善都市农业评价体系，以全面推动都市农业发展。

参考文献

[1] Dalsgaard J P T, Lightfoot C, Christensen V. Towards quantification of ecological sustainability in farming systems analysis [J]. Ecological Engineering, 1995,4(3):181－189.

[2] Vagneron I. Economic appraisal of profitability and sustainability of peri-urban agriculture in Bangkok [J]. Ecological Economics, 2007,61(2－3):516－529.

[3] Becker B. Sustainability assessment: a review of values, concepts, and methodological approaches [EB/OL]. [2023 - 11 - 30]. https://documents1.worldbank.org/curated/en/564151468739297507/pdf/multi-page.pdf.

[4] Angeles L C. The Struggle for sustainable livelihood, gender and organic urban agriculture in Valencia City, Philippines [J]. Urban Agriculture Magazine, 2002, 6.

[5] Moustier P. Assessing the socio-economic impact of urban and peri-urban agricultural development [J]. Agricultural and Food Sciences, Economics, Sociology, Geography, 2002.

[6] Francesco Orsini, Remi Kahane, Remi Nono-WomdimUrban, et al. Agriculture in the developing world: a review [J]. Agron. Sustain, 2013, 33(1): 695 - 720.

[7] Tsuchiya K, Hara Y, Thaitakoo D. Linking food and land systems for sustainable peri-urban agriculture in Bangkok Metropolitan Region. [J]. Landscape and Urban Planning, 2015, 143: 192 - 204.

[8] Yeung Y M. Examples of urban agriculture in Asia [J]. Food and Nutrition Bulletin, 1987, 9(2): 14 - 23.

[9] Dennery P. Urban agriculture in informal settlements: how can it contribute to poverty alleviation? [J]. Research in Nairobi, Kenya, 1996.

[10] Fialor S. Profitability and sustainability of urban and peri-urban agriculture (UPA) in Kumasi [J]. FAO/IBSRAM(IWMI)DAEFM-KNUST Project(PR 17951)Submitted to FAO via IWMI-Ghana, 2002, 33.

[11] Drechsel P, Quansah C, Penning de Vries F. Rural-urban interactions stimulation of urban and peri-urban agriculture in West Africa: characteristics, challenges, and need for action [J]. Idrc, 1999.

[12] IDRC, Flynn-Dapaah K. Land negotiations and tenure relationships: accessing land for urban and peri-urban agriculture in Sub-Saharan Africa [R]. Cities feeding people series, 2002.

[13] Taylor Lovell Sarah. Multifunctional urban agriculture for sustainable land use planning in the United States [J]. Sustainability, 2010, 2(8).

[14] Nugent R A. Using economic analysis to measure the sustainability of urban and peri-urban agriculture: a comparison of cost-benefit and contingent valuation analyses [C]// Workshop on appropriate methodologies in urban agriculture research. Planning, Implementation and Evaluation, Nairobi, Kenya, 2001: 1 - 7.

[15] Hansen J W. Is agricultural sustainability a useful concept? [J]. Agricultural Systems, 1996, 50: 117 - 143.

[16] Rasul G, Thapa G B. Sustainability of ecological and conventional agricultural systems in Bangladesh: an assessment based on environmental, economic and social perspectives [J]. Agricultural Systems, 2004, 79: 327 - 351.

[17] Nugent R A. Using economic analysis to measure the sustainability of urban and peri-

urban agriculture: a comparison of cost-benefit and contingent valuation analyses [J]. 2001.
[18] Nasrudin N, Abdullah I C, Sapeciay Z, et al. Evaluating the suitability of urban farming programme case study: Ipoh city [C]//Humanities, Science and Engineering (CHUSER), 2011 IEEE Colloquium.
[19] Cahya D L. Analysis of urban agriculture sustainability in Metropolitan Jakarta (case study: urban agriculture in Duri Kosambi)[J]. Procedia-Social and Behavioral Sciences, 2016,227:95 - 100.
[20] Azunre G A, Amponsah O, Peprah C, et al. A review of the role of urban agriculture in the sustainable city discourse [J]. Cities, 2019,93:104 - 119.
[21] 韩士元. 都市农业的内涵特征和评价标准[J]. 天津社会科学，2002(2)：85 - 87.
[22] 王静，赵淑杰. 天津都市型现代农业发展水平评价[J]. 科技与经济，2012，25(5)：57 - 61.
[23] 黄映晖，史亚军. 北京都市型现代农业评价指标体系构建及实证研究[J]. 北京农学院学报，2007(3)：61 - 65.
[24] 关海玲，陈建成，李卫芳. 我国都市农业评价指标体系的实证研究——基于因子分析[J]. 技术经济，2011，30(4)：42 - 45，91.
[25] 邓楚雄，谢炳庚，吴永兴，等. 上海都市农业生态安全定量综合评价[J]. 地理研究，2011，30(4)：645 - 654.
[26] 李崇新. 上海都市型农业农村现代化评价体系研究与实证分析[J]. 上海统计，2000(11)：8 - 14.
[27] 李瑾，李树德. 天津都市型生态农业可持续发展综合评价研究[J]. 农业技术经济，2003(5)：57 - 60.
[28] 张学忙. 武汉市现代都市农业发展研究[D]. 武汉：华中农业大学，2008.
[29] 文化，姜翠红，王爱玲，等. 北京都市型现代农业评价指标体系与调控对策[J]. 农业现代化研究，2008(2)：155 - 158.
[30] 毕然，魏津瑜，陈锐. ANP方法在都市型农业评价指标体系中的应用[J]. 中国农机化，2008(6)：30 - 34.
[31] 陈凯，史红亮，续华梅. 都市农业现代化评价分析[J]. 技术经济与管理研究. 2009(2)：6 - 9.
[32] 王辉，刘茂松. 都市农业发展综合评价指标体系构建[J]. 经济体制改革，2011(3)：81 - 84.
[33] 潘迎捷，杨正勇. 试论都市型现代农业评价指标体系的构建[J]. 上海农村经济，2012(4)：11 - 15.
[34] 罗荷花，李明贤. 洞庭湖区现代农业发展水平的评估与分析[J]. 湖南农业大学学报(社会科学版)，2013，14(1)：8 - 14.
[35] 李强，周培. 都市型农业的层次划分与评价指标体系研究[J]. 地域研究与开发，2015，34(3)：156 - 161.
[36] 蒋和平，张成龙，刘学瑜. 北京都市型现代农业发展水平的评价研究[J]. 农业现代化研究，2015，36(3)：327 - 332.

[37] 李梦桃,周忠学.基于多维评价模型的都市农业多功能发展模式探究[J].中国生态农业学报,2016,24(9):1275-1284.

[38] 中国现代都市农业竞争力研究课题组,吴方卫,刘进.中国现代都市农业竞争力综合指数(2018)[J].上海农村经济,2019(6):4-10.

[39] 张莉侠,马莹,谈平.都市农业发展水平评价研究综述[J].中国农业资源与区划,2015,36(1):44-49.

第 7 章　都市农业的未来发展

我国都市农业中长期将迈入高级阶段，主要的发展要求为：以邓小平理论、“三个代表”重要思想、科学发展观和习近平新时代中国特色社会主义思想为指导，贯彻和落实创新、协调、绿色、开放、共享的新发展理念，以全面实施乡村振兴战略为统领，推进农业供给侧结构性改革，着力推进现代农业产业结构调整和提质升级，充分发挥都市现代农业的生态保育、生产保障和生活服务功能，凸显现代农业的科技、人文和国际化特征，走生态优美、环境友好、产品优质、产出高效的多元融合型都市现代农业发展道路。

7.1　机遇与挑战

我国现代农业将迈向高级阶段，都市农业伴随着 6 大背景不断演进。

7.1.1　农业强国

党的二十大擘画了以中国式现代化全面推进中华民族伟大复兴的宏伟蓝图，并首次提出加快建设农业强国，强国必先强农，农强方能国强，高质量发展是全面建设社会主义现代化国家的首要任务。加快建设农业强国，发展都市农业，扎实推动乡村产业、人才、文化、生态、组织振兴，在农业领域发展成为具有竞争力和可持续发展能力的国家，提升国家在国际竞争中的地位和影响力。农业作为国家的基础产业之一，对国家的经济发展、粮食安全、农民福利和社会稳定都有着重要的意义。在建设农业强国的过程中，需要实施科技创新、产业升级、乡村振兴等多方面的政策和措施，提高农业生产效率，优化农业产业结构，提升农民生活水平，推动农村经济发展和现代化建设。

(1) 科技创新是建设农业强国的重要支撑。传统的农业生产方式已经无法满足农产品需求和对质量的要求，必须依靠科技创新来推动农业生产方式的转型升级。要加大对农业科研机构的支持和投入，培养和引进高水平的科研人才，推动农业科技成果的转化和应用。同时，加大对农业现代化先进技术的研发和推广，如精准农业、智慧农业和生物技术等，提高农产品的产量和质量，降低生产成本，提高农业的竞争力。

(2) 产业升级是建设农业强国的关键。要加快农业产业结构调整和优化升级，培育具有竞争力的农产品品牌，推动农业向高效、高品质的方向发展。发展现代农业产业园区，推进农业与农村经济的融合发展。重点发展高效种植、养殖、渔业等现代农业产业，发展农产品的深加工和特色产品，提高附加值和竞争力。同时，注重产品市场营销体系建设，加强农产品市场准入和品牌推广，提高农产品的市场占有率和国际竞争力。

(3) 乡村振兴是建设农业强国的重要内容。要综合运用政策扶持、基础设施建设、人才引进、金融支持等手段，推动乡村经济发展和现代化建设。加强农村基础设施建设，包括道路、供水、供电、通信等，提高农村的生产生活水平。加强农村教育、医疗、文化等基础公共服务设施建设，提高农民的教育水平和生活质量。加强农村土地制度改革，推动农村土地规模经营和农业产业化经营，提高土地利用效率和农业产能。鼓励农民就地就近发展产业，推动农村非农产业的发展，增加农民收入来源。

(4) 要注重农民素质提升和农民收益增长。加大对农民的培训，提升农民的科学知识水平、技能水平和创新能力，培养一支懂技术、懂市场的新型职业农民队伍。建立健全农民社会保障体系,保障农民在经济转型过程中的利益和权益。加强农村金融服务,提供金融支持和便利化的金融服务,促进农民的金融包容和金融发展。加强农民合作组织的建设,推动农民专业合作社和农业龙头企业的发展,提高农民的组织化水平和集体经济效益。

(5) 加强农业政策支持和资金投入。制定和完善有利于农业现代化建设的政策法规,从产业、科技、资金、市场等多个方面提供政策支持。加大对农业的财政扶持和金融支持,提供必要的资金保障,为农业强国提供可持续发展的动力。加强农产品市场监管,保障农产品质量安全和食品安全,增强农产品的竞争力和市场信誉度。

建设农业强国需要政府、企业和农民共同努力,通过技术创新、产业升级、制度改革等多种手段,提高农业发展的效率、质量和可持续性,实现农业现代化,促进农村经济发展和农民生活水平的提升,为国家的经济发展、粮食安全和社会稳定作出积极贡献。为实现农业强国目标,有以下重要举措。

(1) 保障国家粮食安全。粮食安全一直是国家安全的重要基础,随着人口增长和城市化进程的加快,粮食需求不断增加,而土地资源和水资源有限,农业生产面临着巨大的挑战。

(2) 提升农村经济发展。农村经济是国家经济发展的重要组成部分,发展农业可以促进农村经济的增长,扩大农民收入,改善农村居民生活水平,有助于实现城乡均衡发展。

(3) 优化农村产业结构。积极推动农村产业结构调整,在传统种植业、畜牧业的基础上,发展休闲农业、乡村旅游、农产品加工等新兴产业,提高农民收入水平和就业机会。

(4) 完善农村改革与农民问题。农村改革一直是国家发展的重点领域,建设农业强国可以推进农村改革,解决农业生产中存在的问题,促进农民创业就业和社会保障体系的完善。

(5) 推进农业农村现代化。随着科技的不断进步和社会的发展,农业也需要适应现代化的要求。建设农业强国可以推动农业现代化,提高农业生产效率和质量,推广现代农业技术和管理方法,打造具有国际竞争力的现代农业产业体系。

(6) 增强农业科技创新能力。加大对农业科技的支持力度,加强农业科研院所和企业之间的合作机制。推动基础研究、应用研究,以及推广示范相结合,提高科技创新的影响力和效果。

(7) 提升国际竞争力。建设农业强国还可以提高我国在国际农产品市场的竞争力,推动农产品出口,实现农产品对外贸易的平衡发展,为国家经济发展做出贡献。

7.1.2 农业农村现代化

以农业现代化战略为总抓手,通过全面推进农业科技创新、农业产业结构调整、农村基础设施建设和农民素质提高等系列举措,是实现农村经济结构优化升级、农业生产方式转变、农村环境建设和农民生活质量改善的综合性工程,同时也是构建社会主义现代化国家的重要内容之一,还是农民群众获得幸福生活的基础。经过长期的社会发展,我国农村在经济、社会、人文等各方面取得了显著成就,但与城市相比,仍然存在着发展不平衡、农业生产不稳定、农村基础设施滞后等问题。因此,推进农业农村现代化,对于实现全面建设社会主义现代化国家的目标具有重要意义。

在农业方面,农业现代化注重效率和质量,通过推广科学种植、养殖和农业生产技术,以提高农业生产效率和质量,确保粮食安全和农产品质量安全。推动农业产业化、规模化经营和科技创新,培育农业新技术、新品种、新业态,提升农业机械化、智能化水平,优化种植结构,提升农产品质量和竞争力。

在农村方面,农村现代化建设注重发展农村产业,推进农村产业结构调整，农业产业结构调整是促进农业农村现代化的关键环节。推进农村集体经济和家庭经济的发展，促进城乡经济融合发展，推动乡村旅游、特色农产品发展等，培育壮大农村特色产业和现代农业产业，促进农村产业升级和农民收入增长，鼓励农民组织合作社，推动农业产业链条的延伸，提高农产品的附加值和市场竞争力。发展农业、农村旅游、农村金融等新兴产业，是推进农业农村现代化的重要动能。

在农村设施建设方面，农村基础设施建设是提高农民生活品质、实现农村现代化的重要保障。加大投入，加快农村道路、供水、供电、通信等基础设施的建设，可提升农民的生活条件、改善农村环境质量、提高农村居民的生活便利度。同时，加强农村教育、医疗、文化等公共服务设施的建设，以提高农民的素质和文化水平。

在农村社会文化建设方面，农村现代化建设还应注重提高农民素质和保障农民权益。要实现人与自然和谐发展，农村现代化不能只注重经济效益，也要关注农民的全面发展。加强农民培训和教育，提高农民的科学知识水平、技能水平和创新能力。通过教育、资金支持和社会保障等措施，保护和弘扬传统农耕文化，强化农村文化建设，提高农民的文化水平和精神生活质量。注重培养农民的创业精神和创新意识，提升农民的知识水平，促进农民致富，激发乡村发展活力，推广可持续发展模式，促进人与自然和谐发展。

在农业政策支持方面，加强农业政策支持和金融支持，增强发展后劲。加强农业政策支持是推进农业农村现代化的重要途径。制定和完善有利于农业发展的政策法规，从产业、科技、财税、土地等多个方面提供支持。同时，加大对农业的金融支持，提供必要的资金保障，降低农业投入成本。

推进农业农村现代化是一个全方位、多层次、深层次的工作，需要政府、农民、科研机构、企业等各方携手合作。政府要加大对农业农村现代化的政策支持和投入，营造良好的政策环境。企业要积极投身农村产业发展，推动农村经济结构调整和升级。科研机构要加强科技创新,为农业提供科学技术支持。农民要主动适应新的生产方式,接受培训,提高自身素质,积极参与乡村振兴建设。只有通过加强科技创新、优化产业结构、提升基础设施建设、提高农民综合素质等方面的努力,才能够实现农业农村现代化目标,促进农村经济发展,改善农民生活水平,实现全面建设社会主义现代化国家的目标。

7.1.3 新型城市化建设

快速城镇化背景下现代农业成效显著。当前,我国正处在城市化快速推进期。新中国成立后,我国的工业化开始发展,社会进入城市化推进期,但由于当时是计划经济体制,农村人口进入城市受到限制,在改革开放前的30年时间里城市化率由10.64%上升为17.92%,实际上1961年城市化率就已经达到19.29%,此后近20年的时间几乎没有变化,甚至略有下降。改革开放以后,32年的时间里城市化率上升了33%。相关研究估计,我国将在2030年左右,城市化率达到70%。此外,快速推进的城市化使城市规模迅速扩张,大城市的数量也大幅度增长,第七次全国人口普查结果显示,2020年我国居住在城镇的人口为90 199万人,占比63.89%。随着我国农村已经进入加快转型和全面转型的新阶段,在实现农村现代化和城乡发展一体化的过程中,我国不断激发农村发展活力和新动能,乡村发展取得4方面显著成效。

(1) 我国城乡一体化进入关键时期,快速城镇化特征十分突出。乡村产业发展可以在很大程度上完成鲜活农产品保障供给,满足城市人口快速膨胀带来的日益扩大的生产需求,为促进城乡一体化创造了前提和条件。城市人口持续聚集拓宽了需求效应,疏解精神压力、提升文化品位等新型城市需求也持续增加。

(2) 城乡要素流动速度提高,双向流动逐渐发挥出独特的作用。经济发展为农业发展提供了广阔空间,农业收益率、吸引力不断提升,壮大了新产业与新业态，科技资本下乡带动效果明显，对三产融合发展的示范效果初步显现，乡村振兴成为是破解我国独有二元经济的有效载体。

（3）产业结构不断调整优化，深入推进农业供给侧结构性改革。按照“藏粮于地、藏粮于技”的发展思路，加快优化区域布局，重视都市现代农业的保障生产的重要功能，提升了农业生产的空间利用能力，保障了城市食物供应系统，促进了城乡共享发展机制，提高了城乡的互补性与互动性。重视农业的保护生态的重要作用，提高了农业的质量和效益，延伸了城乡一体化融合过程中可持续发展的重要内涵。吸附大量工商业资本和科技成果，拓展了市民对近郊农业的参与性，拓宽了农民增收渠道，建立了多形式利益联结机制。

（4）保障体制机制趋于完善，为实现乡村振兴发展提供重要保障。深化农村土地制度改革，保持土地承包关系稳定并长久不变，“三权分置”满足了土地流转需要，保证城乡一体化进程中农民与市民利益共享。深化农村集体产权制度改革，发展壮大新型农村集体经济，不断盘活农村集体资产，提高农村各类资源要素的配置和利用效率。完善农业支持保护制度，通过改革完善利益补偿机制，保护生产者合理收益，构建新型农业经营体系，引导小农生产进入现代农业发展轨道。

城市化的推进、城市规模的扩张深刻地改变了社会经济结构，而社会经济结构的改变又全方位地影响了现代农业的发展，主要体现在以下4个方面。

（1）社会经济结构持续变化是城市化快速推进时期最重要特征。城市化快速推进的基本内容就是大量农业人口持续向城市非农产业转移，这种转移引起社会经济结构持续不断地变化，而在前城市化时期和城市化完成后，以及城市化的缓慢推进时期社会经济结构的变化都是非常微小的。这些变化包括：人口跨区域迁移引起需求的区域结构变化，人口跨产业转移引起社会就业结构、收入结构的变化，农业人口持续转移引起农业经营者队伍的不稳定，非农产业的发展引起农业在国民经济中的份额持续下降。这些变化对整个农业系统，尤其是城市周边的都市农业系统产生巨大的影响。

（2）城市化快速推进改变了社会食物需求数量和结构。近年来“菜篮子”产品的结构性失衡屡屡发生，这与城市化快速推进对社会食物需求数量和结构的改变有直接关系。基于食物供给这一核心问题，城市和农业之间存在千丝万缕的关系，这些关系在大城市郊区比普通农区更密切，主要原因在于时空距离上的接近使人员、商品和生产要素流通的运输成本和交易成本更低。城市化的推进主要从4个方面改变食物需求数量和结构：第一，农业人口变成非农业人口，更多的人口需要通过市场获得食物，这就直接提升了农业的市场化程度；第二，源于收益率提升的人口转移，带来了全社会的收入水平的提升，从而促进农产品消费数量增加和消费结构升级；第三，人口的跨区域转移，改变了原有的供需区域结构，导致市场供需平衡难度增大。第四，城市规模不断扩大，城市郊区的农地面积不断减少，城市人口的食物均衡供应问题变得更加严峻。这些变化给大城市郊区的都市农业发展不耐储运农产品和高品质农产品也带来了机遇。

（3）城市化对传统生产要素的竞争提升了都市农业经营成本。近几年来，经营成本大幅上升，尤其是土地成本和劳动力成本的上升成为各地都市农业经营面临的一大挑战，部分地区甚至出现了拿钱雇不到劳动力的情况，这与城市化过程中非农产业与农业之间的要素竞争加剧有直接关系。城市作为人口和产业聚集地，与农业之间存在对土地和劳动力两种传统农业生产要素的竞争。土地和劳动力的占有者如何使用（自用或他用）这些要素是依据收益率来决策的。要素会从收益率低的产业流入收益率高的产业，而随着这种流动，原来收益率低的产业，因供给减少，产品价格会上升，因要素投入量减少，边际产量会上升，结果导致要素收益率上升；原来收益率高的产业，因供给增加，产品价格会下降，因要素投入量增加，边际产量会下降，结果导致要素收入率下降。最终的结果是要素在每一个行业的收益率趋向一致。就土地来讲,随着城市的扩张,城市对土地的需求增加,土地非农化的收益率会显著上升,但随着越来越多的土地非农化后,土地非农化的收益率逐渐下降(如房产价格下降,土地边际生产力下降),而土地农业利用的收益率会逐渐上升(农产品价格上升,土地农产品边际生产力上升),最后,土地不再进一步非农化。劳动力同样存在这样的趋势:工业化的发展,工业对劳动力的需求增加,劳动力在非农产业就业的收益率会显著上升,但随着越来越多的劳动力转移出农业后,劳动力在非农产业就业的收益率逐渐下降(工业品价格下降,劳动力边际生产力下降),而农业劳动力的收益率会逐渐上升(农产品价格上升,农业劳动效率提高),最后,劳动力不再进一步到非农产业就业。城市化推进时期大城市郊区的土地和劳动力都面临着非农化收益率不断提高的趋势。

(4) 城市化形成的先进生产要素为都市农业现代化改造提供了条件。都市农业近几年的迅速发展与大量先进要素进入都市农业有直接关系。城市非农产业的发展聚集了资本、技术和管理等大量先进生产要素,由于市场竞争的加剧,这些先进生产要素在非农产业中的收益率逐渐下降。但对于相对落后的农业产业来讲,这些先进生产要素能够大幅度提升农业生产效率,同时农产品需求又在不断增加,从而这些要素能够获得比在非农产业中更高的收益率。因此,随着城市化的快速发展,城市的先进生产要素存在进入农业产业获利的动机。从农业角度讲,就是现代化改造的机遇。基于大城市郊区的区位优势,都市农业发展将首先获得这样的机会。

在工业化和城市化快速推进过程中,在社会经济结构持续变动的大背景下,现代农业既有自然生态环境不断被侵蚀和传统要素成本不断升高的挑战,也有消费市场不断扩大和先进要素不断进入的机遇。有效应对现代农业发展面临的各种挑战,充分利用大城市特殊的区位优势和良好的发展机遇,服务好城市居民,保护好农民利益,并在我国农业现代化发展中扮演好先行者和领导者,是我国未来新型城镇化对现代农业提出的重要战略任务,不仅需要从农业发展角度来定位,也需要从其应该具有的社会功能角度定位,主要体现在以下5个方面。

(1) 构建结合城市需求和资源优势的农业产业结构。都市农业总是表现为具体的农业产业结构,都市农业的社会功能也需要通过具体的农业产业结构来实现。从市场规律和资源配置的角度,都市农业产业结构的优化方向应当结合中心城市需求和区域资源优势。从中心城市需求角度讲,都市农业应重点发展不耐储运农产品、高安全风险农产品和休闲观光农业。从区域资源优势角度讲,都市农业还应该稳定发展优势农产品、特色农产品和高技术农业。

(2) 构建均衡、快捷、安全、价廉的农产品供给保障体系。适应城市需求的农业产业结构只是城市农产品供给保障体系的基础,城市所需要的供给保障功能对都市农业有更高的要求。完善的都市农产品供给保障体系,包括农产品周年均衡供应保障体系、突发事件快速供应保障体系、农产品质量安全保障体系和农产品价格水平保障体系。

(3) 构建兼顾生产、生态、生活的农业多功能开发体系。农业的传统功能主要是在提供农产品的同时为社会提供更多的经济利益。随着工业化的推进,农业的经济功能逐渐下降,产品保障功能继续保持,另外增加了维护生态和丰富精神文化生活的功能。农业多功能的开发不仅可以满足社会的需要,也是增加农业经营者收入的重要途径。构建都市农业多功能开发体系是在稳定生产供给保障功能的前提下,充分挖掘农业的生态和生活功能。

(4) 构建融合先进技术和科学管理的现代农业产业群。不论是面对越来越严峻的资源环境约束,还是应对越来越激烈的国际农业竞争,我国农业都需要建立起一批真正具有世界水平的现代农业产业群。不论是从市场需求拉动方面考虑，还是从提供资本技术条件方面考虑，都市农业体系都应成为培育这些现代农业企业，以及以这些企业为核心的现代农业产业群的主要环境。在培育现代农业产业群的过程中，各区域都市农业应该根据各自区位优势和资源优势进行分工协作，以发挥整体的推动作用。融合先进技术和科学管理是现代农业产业群的基本特征。

（5）构建繁荣有序、和谐稳定的城乡一体化发展格局。城市化的发展过程也是消除城乡二元结构，促进城乡一体化发展的过程，都市农村地区处于城市化发展的前沿，将率先实现城乡一体化发展。都市农业作为城郊农民的传统利益来源和都市农村重要的经济活动，将在构建城乡一体化发展格局中扮演重要的角色。消除城乡二元结构，促进城乡一体化发展的关键在于消除制约一体化发展的各种因素，也就是要为城乡经济主体构建起相同的发展条件，针对都市农村地区的现实，相同的发展条件主要包括给予经济要素合理流动的机会，并对相对弱势的群体提供更多的保护。

7.1.4　乡村振兴战略

当前，我国“三农”事业发展进入新的历史时期。党的十九大精神以新的发展理念为指引，明确提出乡村振兴战略作为解决“三农”问题的新举措，为新时代中国农业发展奠定了新方向。新阶段我国农业供给侧结构性改革的必要性日益凸显，体现在不平衡不充分供给与人民美好生活需要的不匹配。一是我国农区农业和大城市郊区农业之间、不同城市农业之间，以及大城市与周边乡村之间都存在发展不平衡；二是质与量存在不平衡，体现在优质农产品比重不高、农产品质量安全水平尚需进一步提升、健康农产品的理念有待继续深入贯彻；三是农业服务功能发展不充分，农业的生态服务功能和生活服务功能还远远不能满足城市居民的需求。都市现代农业是以工补农、以城带乡的典型“三农”事业形态，随着城乡一体化进程的加速，在都市现代农业领域全面推进乡村振兴战略恰逢其时。作为我国“三农”事业的重要环节之一，都市现代农业迫切需要与时俱进，紧紧把握历史机遇，发挥在全国现代农业建设中的示范引领作用，加快推进乡村振兴战略持续健康发展。

1. 乡村振兴战略对现代农业发展的重要意义

乡村振兴成为中国社会发展的必然之选。目前，我国“三农”问题虽然面临不平衡不充分的挑战，存在地区差别、城乡差别和功能差别，农村空心化、产业空心化、人才空心化等因素依然阻碍城乡一体化，但是乡村振兴战略的实施，可以实现中华民族的伟大复兴。经过农业多年的发展与积累，新时期下我国已经达到乡村振兴的发展阶段，有底气和勇气提出乡村振兴发展目标，“三农”已经被赋予了新的历史任务和时代角色。当前，我国农村已经进入加快转型和全面转型的新阶段，在实现农村现代化和城乡发展一体化的过程中，我国不断激发农村发展活力和新动能，乡村发展取得显著成效。

都市农区不平衡决定了都市农业是乡村振兴发展的内在要求。不同类型的乡村在推进乡村振兴战略过程中应承担不同角色。以大农区为代表的粮食主产区的主要任务是解决粮食生产问题，特色农产品优势区的主要任务是利用特别的地理气候条件生产特色农产品，大城市郊区农业区的农业更加突显城市与乡村的不平衡。乡村振兴战略的重要板块是如何实现都市农业的形态，而都市现代农业紧贴国家战略，通过一二三产业的融合发展，可以助推乡村振兴战略的实现。

实现乡村振兴战略必须要有产业支撑乡村的发展。产业发展是乡村振兴的根基。以前的产业空心化、人口空心化的发展教训说明，没有产业支撑的农业发展模式会导致产业发展乏力的恶性循环，缺少产业作为助推器，无法带动农业就业，而有效就业人口不足反过来也使农业产业无法健康运行。新时期下我国要顺利实现乡村振兴，必须要大力发展农业产业，而乡村振兴战略提升了城乡农产品转化深加工潜能，带动农业生产性服务业不断发展，提供了市民理想的休闲活动场所与防灾避灾空间，促进了市民与农民的沟通和城乡交流，提供了产业融合的重要选择。产业支撑是实现城乡一体化的根本保障，以乡村振兴的具体产业为发展依托，在纵向上延伸了产业链条，在横向上拓展了农业的多元发展功能，可以利用自身产业发展的独特优势，通过打造产业布局优化、产业转型发展，实现都市现代农业与城乡一体化同步推进。

2. 现代农业助推乡村振兴战略的关键认识

（1）现代农业的新要求。党的十九大报告为乡村振兴战略指明了具体实现路径，明确提出“产业兴旺、生态宜居、乡风文明、治理有效、生活富裕”的总要求。产业兴旺是推进乡村振兴战略的首要任务，更是推进农业供给侧结构性改革的关键抓手。生态宜居是推动形成绿色发展方式和生活方式的重要环节，更是贯彻绿色发展理念和坚持绿色富国、绿色惠民的有效举措。乡风文明是加强农村思想建设与文化建设的核心内容，更是推行农村诚信社会建设的重要基础。治理有效是完善农村治理结构的重要纽带，更是加强乡村基层政治建设的重要方式。生活富裕是落实共享理念的重要载体，更是促进农民参与城乡一体化建设的最终目的。

（2）现代农业的新任务。中国“新三农”事业的任务由新农村建设、美丽乡村建设上升为乡村振兴战略建设，体现出依靠产业推动“三农”工作的重要内涵。以往的“三农”建设大多关注形态建设，对产业建设的内涵认识不到位，而现阶段的乡村振兴战略将产业兴旺作为首要目标，通过推进田园综合体、特色小镇等诸多建设模式，真正将产业发展作为新时代“三农”工作的主要任务之一，通过构建现代农业产业体系，实现小农户和现代农业发展有机衔接，深入贯彻一二三产业融合发展，打造农业全链条升级和全产业升值。

（3）现代农业的新业态。新业态将成为未来主产区农业、特色农业和城市郊区三大农业板块的重要趋势。农业新业态在传统农业生产模式的基础上融入了新要素，成为激发现代农业新功能、推动现代农业提档升级的催化剂，也成为助农增收、提高都市现代农业综合效益和竞争力的助燃剂，逐步成为现代农业示范、一二三产业融合、现代农业技术装备集成的重要载体，鼓励创业带动就业，注重解决结构性就业矛盾，逐渐缩小城乡居民的收入差距，改善生产生活环境，脱贫攻坚成效明显，成为实现乡村振兴、城乡一体化发展的重要引擎。

(4) 现代农业的新发展。乡村振兴理念是新时代的一项意义重大的新型发展战略，将农业现代化赋予了瞄准中华民族伟大复兴终极目标的新高度。围绕国家未来发展方向，乡村振兴战略近阶段的首要任务是"三农"领域的扶贫工作，但其最终使命是实现中华民族的伟大复兴。解决好新时代农业农村农民的发展问题，关系到振兴乡村的实现，关系到城乡一体化协调发展的成果，关系到全面建成小康社会的美好愿景，是处理我国当前社会主要矛盾、实现社会主义现代化和中华民族伟大复兴的核心问题。

7.1.5 供给侧结构性改革

"农业供给侧结构性改革"于 2015 年中央农村工作会议上首度进入公众视野。会议强调，要着力加强农业供给侧结构性改革，提高农业供给体系的质量和效率，使农产品供给数量充足、品种和质量契合消费者需要，真正形成结构合理、保障有力的农产品有效供给。2019 年中央一号文件提出，要坚持农业农村优先发展的总方针，以实施乡村振兴战略为总抓手，深化农业供给侧结构性改革。

农业供给侧结构性改革的目的是促进农业发展方式的升级，也是发展现代化农业的重要途径。农业供给侧结构性改革有 3 方面的意义：保证农产品供给的质和量，优化供给结构以便更好地满足农产品消费需求，促进农业与其他产业的融合。近年来，中央从顶层制度设计持续发力，反映出现代农业高级阶段在数量和质量供给上的匹配原则，强调既要夯实农业基础，保障重要农产品有效供给，又要调整优化农业结构，大力发展紧缺和绿色优质农产品生产，推进农业由增产导向转向提质导向。

我国农业已到了一个非常时期，供给侧出现了许多问题，具体表现在，一方面是粮食过剩，另一方面却是优质的农产品数量严重短缺。我国的农产品生产要从单纯追求数量增产的温饱型生产方式，过渡到对品质、安全、健康与生态环保等要求比较多的小康型农业生产方式，以满足我国消费者日益增长的需要。这不仅仅需要在农业结构上进行调整，还需要生产方式的转换，更需要从源头到流通对整个产业链进行重塑。

农业供给侧结构性改革主要包括6个方面：一是稳定粮食生产，巩固提升粮食产能，主要包括加快划定粮食生产功能区和重要农产品生产保护区、加强耕地保护和质量提升、加快现代种业创新、推进农业生产全程机械化；二是推进结构调整，提高农业供给体系的质量和效率，主要包括种植业结构调整、全面提升畜牧业发展质量、加快推进渔业转型升级、大力发展农产品加工业、做大做强优势特色产业、加快推进农业品牌建设、积极发展休闲农业与乡村旅游、建设现代农业产业园；三是推进绿色发展，增强农业可持续发展能力，主要包括全面提升农产品质量安全水平、大力发展节水农业、大力推进化肥农药减量增效、全面推进农业废弃物资源化利用、推动耕地轮作休耕制度、强化动物疫病防控；四是推进创新驱动，增强农业科技支撑能力，主要包括加快推进重大科研攻关和技术模式创新、完善农业科技创新激励机制、加强国家农业科技创新联盟和区域技术中心建设、推进基层农技推广体系改革、加强新型职业农民和新型农业经营主体培育、积极推进农业信息化；五是推进农村改革，激发农业农村发展活力，主要包括落实农村承包地“三权分置”、稳步推进农村集体产权制度改革、积极发展农业适度规模经营、深化农垦改革、加强农村改革、推进现代农业和可持续发展试验示范区建设、加快农业法律制度修订、推进农业综合执法、加快推进和提升农业对外合作;六是完善农业支持政策,千方百计拓宽农民的增收渠道,主要包括完善农业补贴制度、推动完善粮食等重要农产品价格形成机制、创新农村金融服务、支持返乡下乡创业创新、扎实推进农业产业扶贫。

现代农业的高级阶段,必须坚持把推进农业供给侧结构性改革作为主线,加快推进农业农村现代化。习近平总书记在2016年全国两会期间参加湖南代表团审议时指出,我国农业农村发展已进入新的历史阶段,农业的主要矛盾由总量不足转变为结构性矛盾,矛盾的主要方面在供给侧;推进农业供给侧结构性改革,提高农业综合效益和竞争力,是当前和今后一个时期我国农业政策改革和完善的主要方向。深化农业供给侧结构性改革,必须要走质量兴农之路。坚持质量兴农、绿色兴农,实施质量兴农战略,加快推进农业由增产导向转向提质导向,夯实农业生产能力基础,确保国家粮食安全,构建农村一二三产业融合发展体系,积极培育新型农业经营主体,促进小农户和现代农业发展有机衔接,推进"互联网+现代农业"加快构建现代农业产业体系、生产体系、经营体系,不断提高农业创新力、竞争力和全要素生产率,加快实现由农业大国向农业强国转变。

7.1.6 可持续发展

随着我国经济的快速发展,现代农业得到极大发展,农产品的产量实现巨大突破,基本保证了我国主要农产品的自给自足,但由于传统农业结构简单、生产方式落后、效率低,导致了对农业自然资源的过度开发和使用,依靠浪费资源和牺牲环境利益来换取的农业生产高速发展逐渐走入了瓶颈期,导致现代农业面临着生产基础薄弱、资源短缺、耕地减少、生态环境脆弱、防灾害能力低下,以及农产品和农业对环境产生不良污染等问题,我国现代农业的发展具有相当大的不稳定性。面对现代农业发展中出现的问题,农业可持续发展成为当今关注的热点，它促使人们重新考虑农业、人口、资源、环境的关系，在努力排除农业发展不利因素的同时，兼顾未来农业发展策略的探索。推动农业可持续发展成为农业现代化建设的重中之重。“可持续发展”在 20 世纪 80 年代首次提出，定义为“在满足当代人需要的同时，不损害后代人满足其自身需要的能力”。而农业的可持续发展即是在农业生产中贯彻可持续发展思想，是利用先进的技术、合理的机制和完善的政策保障，合理保护和使用自然资源，以满足当代人类对农产品数量和质量的需求，又不损害后代的利益，是一种能维护和合理利用土地、水和动植物资源，确保食物安全，并在此基础上既促进农业和农村经济持续发展，又不会对生态环境和自然资源造成危害的发展状态。

2018 年，农业农村部原部长韩长斌在全国都市现代农业现场交流会上明确指出，大中城市应加快转变农业发展方式，稳步推进生态循环农业建设，树立“绿水青山就是金山银山”的发展理念，适应城市居民对清新洁净田园风光、绿色生态人居环境的向往，积极推进有机肥替代化肥、病虫害统防统治、节水灌溉等绿色生产方式，推广种养结合、生态循环模式。农业农村部市场与信息化司指出，良好的生态环境是发展都市农业的最大优势和宝贵财富，在推进更高质量的绿色发展的基础上，实现都市圈内人与自然和谐共生和农业可持续发展。近年来，我国大中城市坚持绿色富国、绿色惠民，大中城市注重统筹处理好农业生产保供和农业生态安全的关系，更加重视农业自然资源的保护和合理利用，为城市居民提供更多的优质生态农产品，推动形成绿色发展方式和生活方式，生态与可持续发展水平快速提高。

现代农业可持续发展面临以下问题。

1. 耕地面积缩减、质量下降

耕地是人类赖以生存的基础，是最重要的农业生产资料。地球上 1 亿 4 800 万千米^2 的陆地中大约有 1 500 万千米^2 是可耕地，但随着经济的飞速发展，多方面因素导致耕地面积逐年下降。首先，城镇、道路、农村住宅等建筑占用耕地现象日趋严重；其次，工业化进程加快，大量土地因工业生产被污染，导致失去利用价值而被荒废；此外，由于森林过度开伐、水土流失，导致部分耕地严重荒漠化，土地利用率下降。我国耕地面积排世界第三，仅次于美国和印度。但由于我国人口众多，人均耕地面积排在126位以后。据统计，1979—1987年，我国共减少耕地350万公顷，平均每年减少40万公顷。1996年底，国土资源部公布的全国土地利用变更调查结果显示全国耕地面积为19.51亿亩。2006年度全国土地利用变更调查结果报告显示，全国耕地面积为18.27亿亩，当年建设占用耕地251.0万亩，生态退耕509.1万亩；因农业结构调整减少耕地60.3万亩，2006年全国共减少耕地1011.0万亩。

同时，耕地质量也出现了严重退化。2012年国土资源部公告显示：我国优等、高等级耕地不足耕地总量的三分之一，而且部分地区耕地质量有下滑趋势。农业农村部发布的《2019年全国耕地质量等级情况公报》中显示，全国耕地按质量等级由高到低依次划分为1至10等，平均等级为4.76等。农业农村部专家表示，我国耕地质量呈现"两大两低"态势，即退化面积大、污染面积大，有机质含量低、土壤地力低。目前我国耕地退化面积占耕地总面积的比重为40%以上，具体表现为东北黑土地变薄、南方土壤酸化、西北地区土壤盐碱化和沙化。污染方面，耕地污染面积大，全国盐碱地总面积超过3340万公顷，耕地重金属点位超标率为19%以上，南方地表水富营养化和北方地下水硝酸盐污染，西北等地农膜残留较多。此外，我国耕地有机质含量目前仅为2.08%，远低于欧美水平；而偏低的土壤地力导致目前我国土壤对农产品的贡献率仅为20%，比发达国家低约20%。造成耕地质量下降的主要原因是我国农业生产一直坚持高投入、高产出模式，耕地长期高强度、超负荷利用，"重用轻养"，甚至"只用不养"的情况较为普遍；有机肥投入不足，土壤耕性变差，保肥保水性能减弱，耕地土壤基础肥力下降，与此同时，化肥和农药的过量施用造成严重的面源污染和重金属污染，对耕地质量造成巨大危害。

2. 农业生态环境污染

我国的农业生态环境破坏严重，这与自身生态环境脆弱息息相关，但生态环境恶化主要还是人为破坏所造成的。当前，我国农业生态环境遭受外源性污染和内源性污染的双重压力。一方面，随着工业化和城镇化进程加快，工矿业生产、城市建设和城乡生活产生的大量“三废”排入自然环境，使得农业生态环境受到污染；二氧化硫等有毒有害废气及工业粉尘随雨水沉降，对水体、农田土壤甚至农作物直接造成危害；工业废水和城市污水未经处理肆意排放，随地表径流及地下渗漏，汇入湖泊、河流，对水体造成直接污染，而使用污水灌溉农田，造成土壤板结、重金属污染；工业废渣和城市垃圾等固体废弃物不仅占用大片的土地，还会造成农田和地下水污染。另一方面，在农业生产过程中，化肥、农药等农业投入品的过量使用，以及农业废弃物的不合理处置等，形成的农业环境污染问题日益严重，甚至超过外源性污染对农业环境的危害。大量氮肥、磷肥的施用，造成地下水和地表水中硝酸盐氮、亚硝酸盐氮和氨氮的富集，引起水体富营养化，磷肥中含氟、重金属、放射性的杂质也会造成氟污染、放射性污染、重金属污染。过量使用的农药可以通过各种途径进入大气中，进入大气的农药，直接以气溶胶或被悬浮物吸附，随大气运动而扩散，从而扩大污染范围，散落在土壤中的农药则随地表径流进入水体造成水体污染，而一些高毒性、高残留农药品种的使用，更是直接对食品安全造成直接威胁，有机氯农药虽已停用十几年，但在许多食品中仍被检出。甲胺磷等高毒农药，一般不允许用于蔬菜、茶叶等食用作物，但由于其杀虫能力强，农民将其滥施于蔬菜中，造成中毒的事件时有发生。长期使用农药导致物种抗药性增强，从而需要增加农药投入量才能去除病虫害，这就形成了恶性循环。此外，畜禽粪污、农作物秸秆和农田残膜等农业废弃物对环境的污染不容忽视。禽畜粪尿中可能包括兽药、重金属及微生物病原菌等有害物质，在粪便堆放贮存过程中以及直接灌溉时均会对环境造成污染，影响周边土壤及附近体。农作物秸秆随意堆置易造成面源污染；秸秆焚烧会严重污染空气环境，影响人类生活的安全性，燃烧产生的有毒有害气体还会影响周边居民的健康。而在农业生产过程中产生的大量废旧不易降解的残留农膜，会破坏土壤耕作层的结构，影响土壤的透气性，同时阻碍土壤营养物质和水分的运移。主要由高分子化合物合成的农膜还会释放出有毒有害物质，影响土壤和农产品的质量安全。而这些不仅影响了农业发展，同时也危害了人体的健康，成为农业可持续发展的巨大障碍。

3. 自然资源退化

农业自然资源主要指农业生产可以利用的自然环境因素，包括土地资源、水资源、气候资源和生物资源等，具有整体性、再生性和地区差异性等特点，各自然资源要素相互联系制约，关系着农业生产率提高、农业经营规模扩大、农业产业结构调整等，是农业可持续发展的基础。传统的资源消耗型农业生产会导致对农业自然资源的过度开发利用和污染物输出，同时缺乏科学保护，使得各农业自然资源因素都受到严重破坏。土地是农业中基本的、不可取代的劳动资料，我国作为人口大国，对粮食、经济作物等农产品需求量大，所以在生产力水平不高又一味追求产量的情况下，人们对土地实行掠夺性开垦，透支土地地力，使得土地生产力下降；由于忽视因地制宜的农林牧综合发展，把只适合林、牧业利用的土地也辟为农田，破坏了生态环境；由于用水的浪费与水资源的严重污染，可用水资源越来越少，并且严重阻碍了我国的快速发展，而我国本就是水资源分布不均的国家，人均严重不足，用水便更加紧缺；随着社会发展的需要，大量的木材被砍伐，我国的天然林逐渐减少，使地表裸露；由于盲目垦殖、超载过牧，使我国的大部分草地逐年减少，草地的退化、沙化和碱化面积逐年增加。而由于土地利用不当、地面植被遭破坏、耕作技术不合理、过度放牧等原因，导致严重的水土流失。我国是世界上水土流失最为严重的国家之一，水土流失面广量大。近年来，我国水土流失面积已超过 370 万千米^2，超过国土面积的三分之一，沙漠化面积也呈扩展的态势。而水土流失导致的生物物种多样性下降，也会进一步反作用于其他自然资源，形成恶性循环。除此之外，由于缺乏对农业废弃物的科学处置和利用，过量废弃物超出了自然资源的消纳和自净能力，也会造成自然资源的退化，由此限制和威胁现代农业发展。

人类与自然资源不仅仅是一种利用与被利用的关系，更重要的是要认识到保护自然资源的重要性，要对自然资源采取保护性的开发利用，才能保证自然资源的永续利用，也才能实现农业可持续发展。

7.2　发展趋势

7.2.1　现代农业高级阶段的特征

人类社会发展从多方面对都市现代农业提出了更高的要求。

第一，我国正处于城镇化和工业化的快速发展阶段，国务院、发改委先后发布《国家新型城镇化规划(2014—2020 年)》《关于深入推进新型城镇化建设的若干意见》《2019 年新型城镇化建设重点任务》，加速推进城乡融合发展和区域城市群合作，现代农业发展也需要进一步适应并服务于城市发展，体现“生产、生态、生活和社会发展稳定”的功能。我国城镇人口密集、产业集中，一方面导致农产品需求量巨大、自然资源紧张、生态环境脆弱，另一方面拥有技术、资本、装备、生产经营组织等较为先进的农业现代化基本要素。因此，从满足城市发展对农业功能需求的角度出发，要求现代农业进一步拓展可以服务于城市需求的多功能技术和模式，发展一二三产融合产业，实现产业增值、功能多元的现代农业技术链。

第二，城市规模迅速扩大，城市人口迅速增长，2011 年城市人口已超过农村人口，现代农业的重要功能之一将是为城市居民提供生鲜食物的重要保障和城市生态维护的重要屏障。如何从环境源头到餐桌全过程确保农产品质量安全，是现代农业面临的首要问题。因此，从农产品生产源头、生产过程到产后加工及质量监测等全供应链的技术创新和安全保障工作，将成为现代农业未来发展的方向和重点。须从理论创新、机制创新、技术创新方面全面入手，采取技术攻关与生产应用相结合、高新技术与传统方法相结合的方式，从行业规划、产业布局与战略、种质创新、资源保护利用、健康高效生产等角度探索现代农业可持续发展途径。

第三，随着人口和产业的聚集，城市生态环境日渐脆弱，生态环境问题成为工业化和城市化造成的重大社会问题之一。农业本身具有潜在的维护生态环境的功能，在避免农业对环境的破坏和污染的基础上，需要利用农业积极的生态维护功能，主要包括农作物的净化功能和碳汇功能，以及农业参与城市废弃物循环的功能。

第四，随着城市化进程加快，人口不断向城市迁移，城市人口急剧增加，人们的日常工作和生活远离自然环境，不断提高的收入水平和单调的城市生活使城市居民不满足于现有的精神文化生活。而农业具有优美的田园景观、多样的自然生态和丰富的环境资源，需要充分挖掘农业除农产品供给和生态维护功能之外可满足人们精神文化生活的功能。因此，利用农业丰富的生态景观和环境资源，通过调整和优化产业结构，结合农林渔牧生产、农业经营活动、农业文化及农家生活，发展针对城市居民体验、观光、旅游、康养等休闲功能的农业，成为现代农业发展的另一个重要方向。

7.2.2 发展导向

（1）城乡一体化导向。作为城市经济社会系统的重要组成部分，现代农业的发展要从城市发展的需求出发，遵循城市的战略定位和需求，服务于城市凝聚力和带动力的提升。

(2) 多元功能协调导向。现代农业是一个多功能综合体，各种功能之间既可能协同，又可能冲突。需要根据不同时期、不同环境和不同资源确定系统的功能需求体系，并根据功能需求体系，通过结构调整、模式优化和技术创新，确保多元功能的协调发展，实现现代农业综合效益的最大化。

(3) 生态优先导向。基于人口和产业的高度聚集，城市生态极为脆弱，在农产品大市场大流通格局形成的背景下，现代农业应优先服务城乡生态环境。

(4) 服务能力提升导向。基于城市居民个性化需求和现代农业综合效益提升要求，应当从产品主导型向服务主导型转变，着力提升农业对城市的服务能力，包括面向城市居民的休闲旅游服务，面向周边地区农业的科技和贸易服务，面向全国大宗农产品的科技和贸易服务。

(5) 区域统筹发展导向。随着城市群一体化步伐的进一步加快，现代农业的发展也需要适应这一需求和趋势。基于区域联动的城市发展战略定位和建设需求，现代农业发展要打破需求和资源格局，根据市场需求、资源禀赋和环境承载能力，在城乡区统筹布局粮食、生鲜果蔬、休闲农业、生态保育等功能区，构建面向区域发展的现代农业服务整体格局。

7.2.3　未来我国现代农业的五大特征

未来，我国现代农业将突显生态、人文、休闲、科技、国际化五大特征，服务于城乡社会发展，服务于国家的农业现代化，具体内容如下。

(1) 凸显生态功能。针对当前国内城市普遍存在的严重环境问题，尤其是对于人口密度高的城市更是如此，生态建设将非常有利于提升城乡高质量融合。现代农业将更加强调发挥好维护和保育城市生态的功能，重点从优化农业产业结构和布局结构方面，充分发挥农业的环境净化功能和促进城市生态链健康循环。

（2）丰富休闲功能。农业农村以其良好的生态环境和丰富的多样性，可以很好地满足城市居民的休闲旅游需求，尤其是距离优势为现代农业大力开发休闲旅游功能提供了良好的条件，同时开发休闲旅游功能也可以显著提高农业经营者收入，是都市农业的重要发展方向。

（3）挖掘人文功能。我国历史文化资源的核心是中华农耕文明，文化是城市软实力的最重要组成部分，也是影响城市吸引力最重要的社会因素。现代农业的发展将对历史文化资源进行创意性挖掘，以系统地展示中华农耕文明的起源、发展和辉煌。

（4）强化科技水平。现代农业在我国具有特殊的重要战略地位，但目前我国农业科技资源比较缺乏，农业科技水平不够高。我国需要强化农业的科技水平，不仅可以很好地服务现代农业发展，还将对农产品产业的现代化做出更大贡献。

（5）提升国际化水平。区位和交通将成为现代农业提升国际化水平的优势。现代农业从科技、人文和贸易角度融入国际，可以显著提升现代农业的辐射带动能力。

7.2.4 都市现代农业发展的六大趋势

党的十九大报告提出实施乡村振兴战略，而作为现代农业高级阶段的都市现代农业，将成为促进城市郊区乡村振兴的前沿阵地。与此同时，都市现代农业发展不仅面临着农业资源环境约束加剧、农业科技创新能力不足、农业人才缺口较大等一般性问题，而且还面临着一系列亟待破解的新挑战：一是农业产出增加与生态环境保护统筹兼顾的挑战，必须在增加农业产出、保障农产品有效供给的基础上，更加突出农业生态和休闲功能；二是都市郊区农地资源紧缺加剧，适度集中与农民利益保护之间矛盾加剧的挑战，亟须构建更有效的农民参与机制和利益分享机制；三是信息时代的挑战，必须将现代信息技术融入农业生产、管理和销售经营全过程，通过创新走出一条高水平的都市现代农业发展新路。展望未来，都市现代农业将呈现以下几个趋势。

(1) 深度生态化。借鉴国内外经验，都市现代农业的目标市场在于满足城市居民的需求，当都市现代农业发展到一定阶段后，生态安全与环境保护功能日益受到政府重视，食品安全保障功能不容忽视。

(2) 三产融合化。大中城市都市现代农业的“接二连三”功能深化发展，特别是文化与休闲服务功能逐步凸显，观光农业、休闲农业、分享农业、设施农业、工厂化农业、创意农业、养生农业等新产业、新业态将蓬勃发展。

(3) 生产智慧化。以大数据、云计算、物联网等为代表的信息科技对包括都市现代农业在内的社会经济产生深刻影响，互联网和物联网正在创新驱动农业向智慧化生产方式转变，信息化将成为都市现代农业发展的助推剂和制高点。

(4) 流通体系化。都市现代农业充分体现城乡对接、生产与消费对接的优势，农产品生产要素供给、生产、加工、储运和销售等所有环节的物流服务体系将快速发展。

(5) 要素集聚化。都市现代农业便于统筹城乡接合地带的技术、劳动力、资金等先进要素，注重农业科技推广，建立现代化集约型都市现代农业园区，将科技、教育、推广各环节与市场体系密切联结。

(6) 立法保障化。法国、德国和日本制定了适合其都市农业发展的政策法规。都市现代农业必然要在法律法规的引导下促进城市经济发展。

7.3 发展战略

7.3.1 发展思路

近年来,农业农村部把发展都市现代农业作为推进农业现代化的重要抓手,各大中城市把发展都市现代农业摆在突出位置[1]。当前各大中城市立足资源禀赋,在发展都市现代农业上加大政策扶持,加快推进农业转型升级,强化科技支撑,重点保证"菜篮子"产品高质量供给、大力推进都市农业绿色发展、着力培育农业品牌、推进一二三产业融合发展、强化现代要素支撑。其发挥了示范引领作用,并取得了明显的成效,逐渐呈现出以下 5 个新特点。一是"菜篮子"供给保障能力有新提升;二是现代生产要素导入取得新进展;三是都市农业产业形态发生新变化;四是规模化经营主体培育取得新突破;五是城乡一体化发展取得新成效。[2]

面向未来,国内外风险挑战加剧、城市群发展扩大、城镇化提速、黑天鹅事件频发等诸多不确定因素将引发经济、社会、环境等一系列问题,这使我国都市农业的发展显得尤为重要。目前和未来很长一段时间内,都市农业发展要解决的主要问题是:如何在农村工业化、城市化迅速扩张,中心城区功能转变、结构调整,以及国家对农业农村发展总体要求、经济全球化和市场竞争加剧的背景下,要以实现城乡经济、生态、社会的一体化和现代化为总目标,发挥大都市及其农村区域优势,开拓农业新的发展空间,拓展新功能,提升传统产业生存竞争力,延伸或开发新产业,实现农业增效与农民增收的经济效益目标、农村可持续发展的长远目标和都市与农业农村协调发展的目标[3]。

同时,都市现代农业作为现代农业和乡村振兴的重要组成部分,处在第一方阵。要立足"十四五"规划,围绕"六稳""六保"总基调,推进都市现代农业发展；要在乡村振兴上发挥引领作用，不断加大城乡融合发展力度，努力形成城乡互补、共同繁荣的新型城乡关系，重点加强村庄建设规划管理、加快人居环境整治、加强基础设施和公共服务建设、加强乡村治理；要在农业农村改革上发挥先行先试作用，当好深化改革的领头羊，强化制度性供给，探索形成改革发展新模式、新经验，重点深化农村土地制度改革、深化农村集体产权制度改革、探索建立职业农民制度、支持建立信贷保险制度；要牢牢把握高质量发展要求，坚持以实施乡村振兴战略为总抓手，着眼服务城市、繁荣农村、富裕农民，坚持质量兴农、绿色兴农、品牌强农；要着力强化科技支撑、拓展农业功能、深化农村改革，加快构建城乡融合发展的体制机制和政策体系，加快推进都市现代农业全面升级、农村全面进步、农民全面发展，到2020年率先基本实现农业现代化，力争2025—2030年大中城市逐步实现乡村振兴和农业农村现代化。

据此，都市农业未来发展的思路走向可从以下3个方面考虑[4-6]。一是功能走向，包括经济功能、生态安全与环境保护功能、食品安全保障功能、文化与休闲服务功能、“窗口”示范教育功能、带动功能和应对突发性事件的社会功能；二是产业走向，主要包括优质粮食产业、特色产业、休闲观光产业、生态修复环境建设产业以及新兴产业；三是发展方式走向，利用高新技术改造传统农业，重视环境友好型农业发展方式、资源集约高效利用农业发展方式、知识与信息化农业发展方式、物质产品生产与文化底蕴开发融合的农业发展方式、产业一体化农业经营发展方式、标准化农业生产经营发展方式、增加农业效益和农民收入的富裕型农业发展方式等。

都市现代农业实现高级阶段，需要从功能的角度加以突破，重点包括现代农业的生态、生产和生活3个领域。

1. 环境生态优先

农业可解决环境问题。生态环境问题是工业化和城市化带来的重大社会问题之一。因人口和产业的高度聚集，城市生态环境非常脆弱。农业具有潜在的维护生态环境的功能，而现代农业位于城市的最前沿，环境维护功能要远高于农区农业。现代农业积极的生态维护功能主要包括农作物的净化功能和碳汇功能，以及农业参与城市废弃物循环的功能。环境维护功能在很大程度上无法依赖市场机制来实现，需要政策的规范、引导和支持。现代农业需要坚持人与自然和谐共生，走乡村绿色发展之路，以绿色发展引领生态振兴，统筹山水林田湖草系统的治理，加强农村突出环境问题的综合治理，建立市场化多元化的生态补偿机制，增加农业生态产品和服务的供给，实现百姓富、生态美的统一。

2. 生产供给保障

农业可解决生产、农产品供给保障问题。生产供给保障包括分担粮食安全责任、稳定“菜篮子”产品市场和保障农产品质量安全。粮食生产耗费劳动少，大城市郊区缺乏劳动力资源，稳定粮食生产极为必要。为了保障居民生活所需，“菜篮子”产品必须是连续生产、连续消费，生产的时间和空间结构能否与消费结构匹配，关系到市场稳定和社会稳定。大市场、大流通背景下，农产品市场的价格波动具有传递性，并容易被放大。提高农产品本地生产能力有助于稳定本地农产品市场，进而稳定全国农产品市场。高度社会化分工和高度市场化造成城市农产品供应链各环节的质量安全信息高度不对等，使农产品质量面临很高的安全风险。如何有效防范农产品质量安全事故，并激励农业经营者主动提升安全水平，是保障供给的重要内容。

3. 产业融合发展

农业可满足城市市民的多功能需求，提供旅游观光与休闲等生活品质提升途径。城市居民日常工作和生活远离自然环境，现代农业可以为他们提供更多接触自然的机会，以充实和丰富日常生活。收入水平的提高和城市生活的单调形成了城市居民对观光休闲农业的需求。现代农业丰富人们的精神文化生活，关键在于要超越传统的产品理念，充分挖掘农业生产过程在愉悦精神、舒缓压力方面的潜在方式和手段。

7.3.2 发展理念

都市现代农业作为城市社会经济系统中的重要组成部分，是现代农业“五位一体”的先进生产力，在一定程度上代表了城市高水平的创新力、竞争力、凝聚力、带动力和可持续发展能力，应以显著的生态性、服务性与融合性贡献于城乡一体化发展。都市现代农业以所属城市为主要服务对象，同时在人才、市场、资本和科技上具有农区农业不可比拟的优势，从而都市农业的功能定位显著区别于农区农业。从服务所属城市的角度，都市农业应该重点发挥生鲜和高品质农产品的供给保障功能、城市生态环境保护功能，以及休闲养生和提高市民生活品质的功能；从利用人才、科技和资本优势的角度，都市农业还应该重点发挥科技引领、创新示范和辐射带动的功能。生态、人文和休闲是城市吸引人才非常重要的因素，是城市软实力的重要组成部分，良好的生态、人文和休闲环境可以大大提升城市的凝聚力，而生态、人文和休闲正好是都市农业可以发挥的功能。科技和国际化是城市的优势，也是城市带动力的重要影响因素，都市农业可以通过突出科技和国际化，来发挥对周边的辐射带动功能。

(1) 基于城市生态文明建设需要和农产品大市场大流通格局，都市农业应当从追求经济效益最大化向追求综合效益最大化转变，从生产保障型向生态服务型转变，凸显都市农业的生态性。

(2) 基于城市居民个性化多元化需求和都市农业综合效益提升要求，都市农业应当从产品主导型向服务主导型转变，凸显都市农业的服务性，具体为拓展产品型农业的服务功能、发展专门的服务型农业、全面提升服务品质。

(3) 基于以城市为中心的社会结构的逐步确立，以及都市农业新产业、新业态的发展需求,都市农业应当从传统的单一化、封闭式形态向综合化、融合式形态转变,凸显都市农业的融合性,具体包括农业进城、资本下乡的城乡融合,产业居住一体、相关配套完善的产村融合,兼具生产、生态、生活功能的三生融合,以及产业链纵深发展的三产融合。

7.3.3 制度体系

充分利用资源、政策、资金、人才、科技等方面的优势,提高农业综合效益和竞争力,推进都市农业高质量发展。

(1) 建立与城市规模扩大相适应的资源环境保护制度。都市农业发展需要良好的、稳定的农业资源环境,但城市化发展也必然要求城市规模扩大,为此可从科学的土地利用规划、严格的农地保护制度和农业环境保护制度 3 个方面建立与城市规模扩大相适应的资源环境保护制度。

(2) 遵照基础性和制度化优化政府都市农业支持政策。都市农业财政投入应当坚持必要和有效原则,必要原则主要考虑的是补贴对象问题,而有效原则主要针对的是补贴方式问题,政府投入能否形成有效激励,关键是看对经营者的可持续经营的能力有多大的影响,硬件短期影响大一些,软件长期影响大一些,但硬件也是能力的基础。根据政府行为的特点和现行支持政策存在的问题,应该遵照对象的基础性和方式的制度化对现有都市农业支持政策进行优化。

(3) 通过营造环境和加强服务吸引多渠道长期投资。以技术和资本密集为特征的都市农业的发展离不开社会资本的参与,但农业投资具有环境复杂、不可控因素多、周期长、风险大的特点,要吸引长期投资需要为投资营造良好的基础设施条件,并通过全方位的公共服务来提高投资效率。

(4) 通过改善生产生活条件吸引各类人才和劳动力。迈向现代化的都市农业离不开高素质的人力资源,包括各类技术人才、管理人才和劳动力。传统农业的低效率低收益无法为参与其中的人力资源提供足以吸引他们的收入，从而导致优秀人力资源纷纷离开农业、逃避农业。迈向现代化的都市农业不仅需要优秀的人力资源，还需要为优秀人力资源提供足以吸引他们参与的收入。可以通过改善生产环境和条件、改善生活环境和条件、建立人力资源成长渠道等方式促使这种潜力变为现实，从而使都市农业因为吸引了优秀的人力资源而获得更好的发展。

(5) 通过构建产学研平台支持农业技术研发与推广。从客观要求角度讲，都市农业面临更紧的资源约束和更多样化的城市需求，这就要求都市农业在土地节约、劳动力节约、生态维护、环境治理、产品品质提升和农业多功能综合开发等方面实现重大技术进步。从客观条件来讲，都市具有丰富的人才资源、雄厚的装备条件、充裕的资本资源，这为都市农业的技术研发提供了不可多得的条件。但是技术研发投入大、周期长、风险高、易外溢，这需要政府从研发条件投入、研究组织整合、推广体系建设等方面进行有效的支持。

7.3.4　技术创新

围绕都市现代绿色农业助推乡村振兴战略的总体目标，按照“农业资源环境保护、要素投入精准环保、生产技术集约高效、产业模式生态循环、质量标准规范完备”的要求，聚集先进农业要素，突显现代科技型农业技术的革命突破，加快支撑都市现代绿色农业发展的科技创新步伐，提高都市现代绿色农业投入品和技术等成果供给能力，全面构建以绿色为导向的都市现代绿色农业技术体系，以广泛利用高新技术、确保高生态、实现高效益为基础，推进与之相匹配的研发模式，建立示范与推广基地，提高农业科技自主创新能力，加速科技成果转化应用，促进科技与产业有效结合，集中力量、集成技术，高标准建设一批融合设施、农艺、科技、质量安全与经营主体一体化基础创新基地，示范引领我国现代农业加快发展。具体而言，我国都市现代农业应重点突破以下十大农业科技瓶颈。

(1) 都市农区绿色低碳种养结构与技术模式。研究都市农区绿色发展制度与低碳模式,形成一批主要作物绿色增产增效、种养加循环、区域低碳循环、田园综合体等农业绿色发展模式。开发不同区域适度规模种养循环设施技术装备。

(2) 都市农区废弃物循环利用技术。重点研发秸秆肥料化高效利用工程化技术及生产工艺、畜禽粪污二次污染防控健全利用技术、粪污厌氧干发酵技术、粪肥还田及安全利用技术、农业废弃物直接发酵技术、秸秆机械化还田离田技术、秸秆发酵饲料生产制备技术、禽养殖污水高效处理技术、规模化畜禽场废弃物堆肥与除臭技术、沼液高效利用技术、池塘绿色生态循环养殖技术。

(3) 都市农业资源与产地的环境修复与保育技术。建立都市现代农业资源环境绿色发展的生态监测预警平台;研发有机物还田及土壤改良培肥技术、稻麦秸秆综合利用及肥水高效技术、盐渍化及酸化瘠薄土壤治理与地力提升技术、稻渔循环地力提升技术等;研发农业面源污染监测防治与修复等标准和技术规范体系、耕地质量提升与典型农业土壤保育措施关键技术标准、重金属污染控制与治理技术;研发水生生态保护修复技术、水生生物资源评估与保护恢复技术。

(4) 都市现代绿色农业适宜性投入品研发。在适宜区域推广优质高效多抗农作物、畜禽水产新品种和良种良法配套绿色种养技术,显著提高农产品的生产效率和优质化率。研究化肥农药减施增效技术,提高肥料、饲料、农药等投入品的有效利用率,开发绿色高效的功能性肥料和生物肥料,实现高效、低成本、环保。研发适宜的绿色农药、低毒低耐药性兽药、高效安全疫苗等新型产品,主要作物病虫害综合防治新技术,绿色饲料添加剂、中兽药等新型绿色生物制剂,以及新型土壤调理剂等。

（5）绿色优质农产品基地建设关键技术。制定种植业农产品、畜牧养殖产品、水产养殖产品 3 大类农产品绿色生产基地建设的总体要求，包括基地环境质量要求、基地布局设施要求、生产过程管理、农业废弃物综合利用、基地管理制度等 5 类分项标准，用于都市现代绿色农业示范区建设的基本要求，指导辖区内依法从事种植、畜牧养殖、水产养殖生产活动的农民专业合作组织、农业生产企业、家庭农场、专业大户等农业经营主体。

（6）智慧型农业技术模式。构建绿色轻简机械化种植、规模化养殖工艺模式，研发智能化农业绿色生产技术。重点研发天空地种养生产智能感知技术、智能分析与管控技术、农业传感器与智能终端设备及技术、农业农村大数据采集存储挖掘及可视化技术。

（7）产销对接技术服务平台。建立以优质和绿色为重点的市场准入制度；研究都市农区优质绿色农产品的优质优价模式；研发绿色农产品质量监测控制技术、农产品质量安全监管与溯源关键技术，以及农产品收储运、产地准出、标识要求等通用管理控制技术标准；研究农牧渔结合模式、种产加销结合等多功能农业技术模式。

（8）农产品冷链物流保鲜技术。发展农产品低碳、减污、加工、贮运等都市现代农业绿色产后增值技术，包括农产品新型流通方式冷链物流关键技术、农产品贮藏与物流环境精准调控技术、农产品冰温贮藏技术、畜禽肉绿色冷藏保鲜技术、鲜活水产品绿色运输和冷藏保鲜技术、农产品产地商品化处理和保鲜物流关键技术、农产品物理生物保鲜和有害微生物绿色防控关键产品和技术、鲜活水产品绿色运输与品质监控技术、新型绿色包装材料制备技术、农产品智能化分级技术。

（9）农产品智能化精深加工技术。研发加工过程中食品的品质与营养保持技术、食品功能因子的高效利用技术、过敏原控制技术、食品 3D 打印技术、超微细粉碎技术、真菌毒素脱毒酶制剂和菌制剂的开发技术、畜禽血脂综合利用关键技术、营养数据库构建、营养调理肉制品技术和水产品加工关键技术。

(10) 绿色农村公共服务提升技术。研发智慧型乡村人居环境治理技术、农村养老健康建设引入中央厨房新模式与技术、农村生活垃圾与废弃物回收后端建设技术，研究农村田园综合体建设、绿色庭院建设、绿色节能农房建造、农田景观生态工程、田园景观及生态资源优化配置、山水林田湖草共同体开发与保护技术模式、一二三产业融合发展技术模式。

7.3.5 发展重点

随着我国经济社会发展进入新常态，未来一定时期还要面临"全球"后疫情时代，都市现代农业方兴未艾，因其都市特征显著、要素聚集、模式多元，作为城市社会经济系统的重要组成部分，受城市发展的深刻影响，在服务城市发展的过程中，将伴随城乡融合与乡村振兴的进程呈现出新问题、新现象及新发展态势[7-16]。

1. 都市现代农业绿色生态工程

紧扣"都市"定位、"现代"定位、"绿色"定位，以满足人民群众对美好生活向往为遵循，牢固树立"绿水青山就是金山银山"的理念，优化产城融合布局，充分发挥大城市科技、人才、资本、市场、信息等优势，加快发展科技密集型、人才密集型、资金密集型等现代农业产业，降低资源利用强度、改善生产环境、打造高品质的都市农业绿色发展产业链和价值链，强化现代农业对都市发展的承载力和贡献力，彰显都市农业的绿色魅力和可持续发展能力。通过以下 5 个方面实现都市现代农业绿色生态工程。

(1) 以顶层设计为引领的强化都市现代农业发展定位工程。

(2) 以加强农业可持续发展能力为重心的生态农业体系建设工程。

(3) 以提升供给保障水平为内容的"菜篮子"工程。

（4）以推进绿色农产品标准化生产的绿色生产标准化工程。

（5）以农业绿色生产技术为核心的种养结合工程、节肥节药工程和绿色低碳循环工程。

通过实施都市现代绿色生态工程，改善城市居民生活环境，提高可持续发展水平，保护生态系统，实现人与自然的和谐共存。

2. 都市现代农业融合发展工程

发展产业支撑融合，在保供的基础上做优优势产业，做特特色产业，培育支柱产业，夯实融合发展基础。强化农产品加工业引领带动能力，引导农村一二三产业跨界融合，拓宽产业融合发展新途径，形成农业与其他产业深度融合格局，拓宽农民就业增收渠道。创业创新促进融合，盘活现有人才资源，坚持筑巢引凤，引入优化人才结构的源头活水，吸引优秀人才到农村创新创业。完善机制带动融合，多形式引导企业和农户建立紧密的利益联结关系，鼓励支持企业将资金、设备、技术与农户的土地经营权等要素有机结合，支持企业带领农户发展新产业，提升小农户自我发展并与现代农业对接的能力，打造风险共担、利益共享、命运与共的农村产业融合发展主体。通过以下 5 个方面实现都市现代农业融合发展工程。

（1）以提升农业综合生产力为核心的产业体系创建工程。

（2）以培育新型农业经营主体和社会化服务主体为导向的经营体系创建工程。

（3）以增强产业发展新动能为导向的产业融合发展工程。

（4）以强产业创新发展为导向的新农村创业创新孵化工程。

（5）以提高农产品质量和附加值为导向的农业品牌化工程。

通过都市现代农业融合发展工程，实现城市与农业的互利共赢，推动农村现代化发展进程，在提高城市可持续性和农村发展水平方面具有重要意义。

3. 都市现代农业全链发展工程

各类新型经营主体利用都市周边的交通区位优势，紧抓巨大的城市市场商机，从种养殖环节出发，不断向上游和下游拓宽农业产业链条，挖掘产业发展新潜力，提高农业附加值。打造了扁平化的“从田间到餐桌”的全产业链经营模式，有效减少农产品流通中间环节，确保合作社获得了更多的农产品增值收益。大力发展农产品产地初加工和食品加工，积极发展休闲农业新业态，打造一二三融合产业基地。通过以下 5 个方面实现都市现代农业全链发展工程。

（1）以促进农产品精深加工为导向的农业产业化聚集工程。

（2）以“龙头企业＋专业合作组织＋农户”产业化模式为导向的生产体系建设工程。

（3）以联通城区超市、社区菜市场、便利店为导向的社区支持农业工程。

（4）以鲜活农产品配送为导向的冷链物流和溯源工程。

（5）以注重公共服务为保障的农业社会化服务工程。

通过都市现代农业全链发展工程，实现农业生产规模化、标准化、集约化，确保食品的安全和质量，推动城乡经济的融合发展，实现农业现代化和城乡一体化。

4. 都市现代农业要素汇聚工程

都市现代农业正成为现代农业集聚高端要素、促进产业转型升级的重要平台，通过信息化对接、工业化改造，将原有资源和生产模式与符合城市资源、消费需求的发展理念重新整合，提供多样化、个性化、智能化的产品和服务，不断提升现代农业的发展层次。打造工业化的都市农业发展模式，缓解土地、劳动力等要素日益缺乏对都市农业发展带来的压力，有效保障了都市“菜篮子”产品供应、满足了市民对高质量农产品的消费需求。通过以下 4 个方面实现都市现代农业要素汇聚工程。

（1）以科技为支撑的生物种业建设工程。

（2）以机器换人为导向的农业生产设施与装备智能化工程。

（3）以先进生产要素聚集为导向的现代农业示范园区创建工程。

（4）以跨区域协同发展为导向的产业价值链重塑工程。

通过都市现代农业要素汇聚工程，促进先进科技要素集聚，推动农业高质量发展，进一步实现科技兴农的目标。

5. 都市现代农业体验发展工程

体验型经济的发展和渗透已成为满足城乡居民消费需求、情感需要、自我实现需要的必然路径。体验性是休闲农业发展的重要趋势之一，都市休闲农业发展应转变“收门票、卖礼品”的经营理念，凭借自身优美的田园环境、古朴的农耕情调，解放思想，创造性开发体验型产品，打造都市休闲农业新的盈利模式，有效提升农产品在居民休闲消费过程中的参与性，不仅可以创造出新的产品和服务，还为传统农产品销售创造了新的途径，真正实现一二三产业联动发展。通过以下 4 个方面实现都市现代农业体验发展工程。

（1）以优美农田、沟域经济、水岸经济、农业公园、城市农业建设为抓手的休闲观光农业园工程。

（2）以校园农业、屋顶农业、社区农业、阳台农业等表现形式为主的都市创意农业工程。

（3）以地方文化和民俗风情为核心的创新农耕体验工程。

（4）以特色精品产业为导向的“一村一品”“一村一景”“一村一韵”工程。

通过都市现代农业体验发展工程，推动农旅文化产业发展，为城乡居民提供优质的农产品和农旅体验，带动旅游经济发展，体验康养生活。

6. 都市现代农业智能创新工程

新时期，农业领域科技创新日新月异，正在深刻改变农业生产方式，农业发展不能囿于传统，要紧紧依靠科技创新，把创新作为驱动农业发展的第一动力。习近平总书记多次深刻指出“中国现代化离不开农业现代化，农业现代化关键在科技、在人才。要把发展农业科技放在更加突出的位置，大力推进农业机械化、智能化，给农业现代化插上科技的翅膀”。立足当下，将移动互联网技术与农技服务进行深度融合，不断完善都市农业全过程、全方位信息化服务支撑体系，逐步缩短都市技术资源用于乡村农事指导的时间和距离，有效解决农技服务“最后一公里”问题。特别是5G技术将引领我们进入一个全新的信息时代，很有可能彻底改变都市现代农业的生产方式和生活方式，而当前农业中存在的瓶颈问题或可迎刃而解。通过以下5个方面实现都市现代农业智能创新工程。

(1) 以推进智慧农业建设为导向的“互联网+”农业建设工程。

(2) 以服务农产品市场开拓为导向的农产品电子商务工程。

(3) 以加强农产品市场监测预警为导向的农业信息服务工程。

(4) 以实现农业生产方式的精细化、精准化为导向的智能化农业工程。

(5) 以强化科技引领发展为导向的农业科创中心创建工程。

通过都市现代农业智能创新工程，提高农业生产的精准性、效率和可持续性，推动城市农业发展，减少资源消耗，实现智慧农业的目标。

思考题

1. 结合教材内容，浅析国内都市农业发展面临的困境与挑战。

2. 结合国家战略，选择一个都市农业未来发展的方向，查找案例深入剖析发展机遇和前景。

3. 思考可持续发展对于未来发展都市农业的重要性。

参考文献

[1] 农业部新闻办公室. 全面提升都市现代农业建设水平——在全国都市现代农业现场交流

会上的讲话[EB/OL].(2016-04-27)[2024-08-08]. http://www.moa.gov.cn/xw/zwdt/201605/t20160512_5126642.htm.

[2] 农业农村部网站.全国都市现代农业现场交流会在天津召开[EB/OL].(2018-05-04)[2024-08-08]. https://www.gov.cn/xinwen/2018-05/04/content_5287940.htm.

[3] 吴铁韵,俞菊生.城市化进程中我国都市农业发展趋势研究[J].上海农业学报,2010,26(1):16-19.

[4] 齐永忠,于战平.中国都市农业发展的战略走向与发展思路[J].农业经济问题,2006(4):67-69.

[5] 张小峰.浅谈都市型农业发展的思路与对策[J].农民致富之友,2019(2):240.

[6] 齐永忠,于战平.中国都市农业发展的战略走向与发展思路[J].农业经济问题,2006(4):67-69.

[7] 农业农村部网站.京津冀现代农业协同发展规划(2016—2020年)[EB/OL].(2016-04-21)[2024-08-08]. http://www.jhs.moa.gov.cn/cyfp/201905/t20190510_6303543.htm.

[8] 北京市农业局.北京市"十三五"时期都市现代农业发展规划[EB/OL].(2016-04)[2024-08-08]. https://fgw.beijing.gov.cn/fzggzl/sswgh2016/ghwb/201912/P020191227594647120876.pdf.

[9] 上海市人民政府办公厅.上海市都市现代绿色农业发展三年行动计划(2018—2020年)[EB/OL].(2018-06-08)[2024-08-08]. https://www.shanghai.gov.cn/nw12344/20200813/0001-12344_56137.html.

[10] 深圳市农林渔业局.深圳市"十一五"都市农业发展规划[EB/OL].(2005-11)[2024-08-08]. https://wenku.baidu.com/view/cf38dbfe910ef12d2af9e7be.html.

[11] 厦门市农业农村局.厦门市2019年都市现代农业工作计划[EB/OL].(2019-04-30)[2024-08-08]. https://sn.xm.gov.cn/zxxgk/ml/ghjh/201905/t20190505_2619392.htm.

[12] 厦门市农业农村局.厦门市"十三五"农业农村经济发展规划[EB/OL].(2016-08-15)[2024-08-08]. https://sn.xm.gov.cn/snyw/201608/t20160815_1354446.htm.

[13] 武汉市人民政府.武汉市都市农业发展规划(2006—2020)[EB/OL].(2006-11-05)[2024-08-08]. https://www.wuhan.gov.cn/zwgk/xxgk/zfwj/szfwj/202003/t20200316_973514.shtml.

[14] 南京市"十三五"现代农业发展规划[EB/OL].(2019-02-15)[2024-08-08]. http://jiangsu.chinagdp.org/fzgh/201902/1212.html.

[15] 詹慧龙,刘燕,矫健.我国都市农业发展研究[J].求实,2015(12):61-66.

[16] 王全辉,刘义诚.中国都市农业发展模式研究和可持续发展建议[J].中国农学通报,2012,28(32):166-170.